青少年AI学习之路：从思维到创造

丛书主编：俞 勇

人工智能应用

炫酷的 AI 让你脑洞大开

编著：任 侃 张伟楠

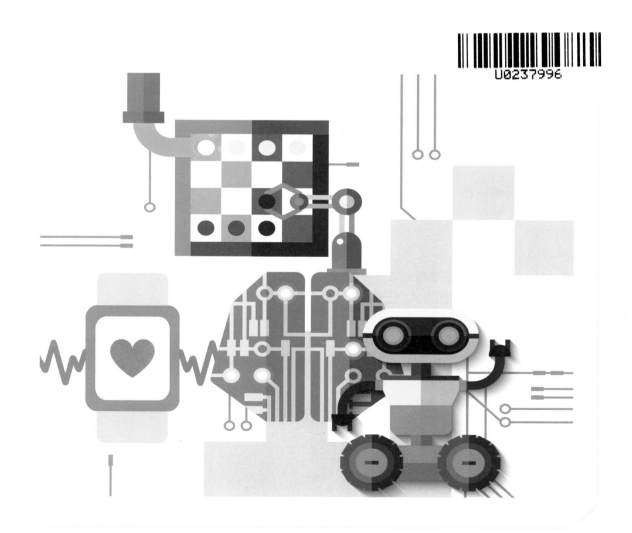

上海科技教育出版社

图书在版编目（CIP）数据

人工智能应用：炫酷的 AI 让你脑洞大开 / 俞勇主编 .
—上海：上海科技教育出版社，2019.8
（青少年 AI 学习之路 . 从思维到创造）
ISBN 978-7-5428-7081-0

Ⅰ . ①人… Ⅱ . ①俞… Ⅲ . ①人工智能−青少年读物
Ⅳ . ①TP18-49

中国版本图书馆 CIP 数据核字（2019）第 167788 号

责任编辑　胡　杨　韩　露
装帧设计　杨　静

青少年 AI 学习之路：从思维到创造

人工智能应用——炫酷的 AI 让你脑洞大开
丛书主编　俞　勇

出版发行　上海科技教育出版社有限公司
　　　　　　（上海市柳州路 218 号　邮政编码 200235）
网　　址　www.sste.com　www.ewen.co
经　　销　各地新华书店
印　　刷　上海昌鑫龙印务有限公司
开　　本　889×1194　1/16
印　　张　7.5
版　　次　2019 年 8 月第 1 版
印　　次　2019 年 8 月第 1 次印刷
书　　号　ISBN 978-7-5428-7081-0/G·4123
定　　价　60.00 元

总序

清晰记得，2018年1月21日上午，我突然看到手机里有这样一则消息"【教育部出大招】人工智能进入全国高中新课标"，我预感到我可以为此做点事情。这种预感很强烈，它也许是我这辈子最后想做、也是可以做的一件事，我不想错过。

从我1986年华东师范大学计算机科学系硕士毕业来到上海交通大学从教，至今已有33年。其间做了三件引以自豪的事，一是率领上海交通大学ACM队参加ACM国际大学生程序设计竞赛，分别于2002年、2005年及2010年三次获得世界冠军，创造并保持了亚洲纪录；二是2002年创办了旨在培养计算机科学家及行业领袖的上海交通大学ACM班，成为中国首个计算机特班，从此揭开了中国高校计算机拔尖人才培养的序幕；三是1996年创建了上海交通大学APEX数据与知识管理实验室（简称APEX实验室），该实验室2018年度有幸跻身全球人工智能"在4个领域出现的高引学者"世界5强（AMiner每两年评选一次全球人工智能"最有影响力的学者奖"）。出自上海交通大学的ACM队、ACM班和APEX实验室的杰出校友有：依图科技联合创始人林晨曦、第四范式创始人戴文渊、流利说联合创始人胡哲人、字节跳动AI实验室总监李磊、触宝科技联合创始人任腾、饿了么执行董事罗宇龙、森亿智能创始人张少典、亚马逊首席科学家李沐、天壤科技创始人薛贵荣、宾州州立大学终身教授黎珍辉、加州大学尔湾分校助理教授赵爽、明尼苏达大学双子城分校助理教授钱风、哈佛大学医学院助理教授李博、新加坡南洋理工大学助理教授李翼、伊利诺伊大学芝加哥分校助理教授孙晓锐和程宇、卡耐基梅隆大学助理教授陈天奇、乔治亚理工学院助理教授杨笛一、加州大学圣地亚哥分校助理教授商静波等。

我想做的第四件事是创办一所民办学校，这是我的终极梦想。几十年的从教经历，使得从教对我来说已不只是一份职业，而是一种习惯、一种生活方式。当前，人工智能再度兴起，国务院也发布了《新一代人工智能发展规划》，且中国已将人工智能上升为国家战略。于是，我创建了伯禹教育，专注人工智能教育，希望把我多年所积累的教育教学资源分享给社会，惠及更多需要的人群。正如上海交通大学党委书记姜斯宪教授所说，"你的工作将对社会产生积极的影响，同时也是为上海交通大学承担一份社会责任"。也如上海交通大学校长林忠钦院士所说，"你要做的工作是学校工作的延伸"。我属于上海交通大学，我也属于社会。

2018年暑假，我们制订了"青少年AI实践项目"的实施计划。在设计实践项目过程中，我们遵循青少年"在玩中学习，在玩中成长"的理念，让青少年从体验中感受学习的快乐，激发其学习热情。经过近半年的开发与完善，我们完成了数字识别、图像风格迁移、文本生成、角斗士桌游及智能交通灯等实践项目的设计，取得了非常不错的效果，并编写了项目所涉及的原理、步骤及说明，准备将其编成一本实践手册给青少年使用。但是，作为人工智能的入门读物，光是一本实践手册远远满足不了读者的需要，于是本套丛书便应运而生。

本套丛书起名"青少年AI学习之路：从思维到创造"，共有四个分册。

第一册《从人脑到人工智能：带你探索AI的过去和未来》，从人脑讲起，利用大量生动活泼的案例介绍了AI的基本思维方式和基础技术，讲解了AI的起源、发展历史及对未来世界的影响。

第二册《人工智能应用：炫酷的AI让你脑洞大开》，从人们的衣食住行出发，借助生活中的各种AI应用场景讲解了数十个AI落地应用实例。

第三册《人工智能技术入门：让你也看懂的AI"内幕"》，从搜索、推理、学习等AI基础概念出发解析AI技术，帮助读者从模型和算法层面理解AI原理。

第四册《人工智能实践：动手做你自己的AI》，从玩AI出发，引导读者从零开始动手搭建自己的AI项目，通过实践深入理解AI算法，体验解剖、改造和创造AI的乐趣。

本套丛书的特点：

■ 根据青少年的认知能力及认知发展规律，以趣味性的语言、互动性的体验、形象化的解释、故事化的表述，深入浅出地介绍了人工智能的历史发展、基础概念和基本算法，使青少年读者易学易用。

■ 通过问题来驱动思维训练，引导青少年读者学会主动思考，培养其创新意识。因为就青少年读者来说，学到AI的思维方式比获得AI的知识更重要。

■ 用科幻小说或电影作背景，并引用生活中的人工智能应用场景来诠释技术，让青少年读者不再感到AI技术神秘难懂。

■ 以丛书方式呈现人工智能的由来、应用、技术及实践，方便学校根据不同的需要组合课程，如科普性的通识课程、科技性的创新课程、实践性的体验课程等。

2019年1月15日，我们召集成立了丛书编写组；1月24日，讨论了丛书目录、人员分工和时间安排，开始分头收集相关资料；3月6日，完成了丛书1/3的文字编写工作；4月10日，完成了丛书2/3的文字编写工作；5月29日，完成了丛书的全部文字编写工作；6月1日—7月5日，进行3—4轮次交叉审阅及修改；7月6日，向出版社提交了丛书的终稿。在不到6个月的时间里，我们完成了整套丛书共4个分册的编写工作，合计100万字。

在此，特别感谢张伟楠博士，他在本套丛书编写过程中给予了很多专业指导，做出了重要的贡献。

感谢我的博士生龙婷、任侃、沈键和张惠楚，他们分别负责了4个分册的组织与编写工作。

感谢我的学生吴昕、戴心仪、周铭、粟锐、杨正宇、刘云飞、卢冠松、宋宇轩、茹栋宇、吴宪泽、钱利华、周思锦、秦佳锐、洪伟峻、陈铭城、朱耀明、杨阳、卢冠松、陈力恒、秋闻达、苏起冬、徐逸凡、侯博涵、蔡亚星、赵寒烨、任云玮、钱苏澄及潘哲逸等，他们参与了编写工作，并在如此短的时间内，利用业余时间进行编写，表现了高度的专业素质及责任感。

感谢王思捷、冯思远全力以赴开发实验平台。

感谢陈子薇为本套丛书绘制卡通插图。

感谢所有支持编写的APEX实验室成员及给予帮助的所有人。

感谢所引用图书、论文的编者及作者。

同时，还要感谢上海科技教育出版社对本丛书给予的高度认可与重视，并为使丛书能够尽早与读者见面所给予的鼎力支持与帮助。

本套丛书的编写，由于时间仓促，其中难免出现一些小"bug"（错误），如有不当之处，恳请读者批评指正，以便再版时修改完善。

过去未去，未来已来。在互联网时代尚未结束，人工智能时代已悄然走进我们生活的当前，应该如何学习、如何应对、如何创造，是摆在青少年面前需要不断思考与探索的问题。希望本套丛书不仅能让青少年读者学到AI的知识，更能让青少年读者学到AI的思维。

愿我的梦想点燃更多人的梦想！

俞　勇

2019年8月8日于上海

目录

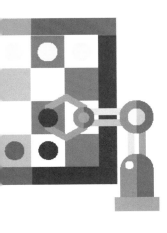

前言

信息时代，以计算机技术为代表的信息技术获得了巨大的进步，大量互联网基础设施也得以完善。在这个巨大的互联信息系统中，人们可以利用个人计算机、移动设备等，使用各种基于互联网软件的服务，包括浏览网页、在线聊天、音视频通话、观看视频、游戏娱乐等。通过这些服务，人们的日常生活愈加丰富多彩，人与人之间的联系也更加频繁，关系更加亲近。

每次信息技术的进步都能带来技术革新。现在信息技术革命的浪潮已经到来，在这次技术革新的进程中，人工智能扮演了重要的角色。

事实上，人们的日常生活中已经有很多人工智能的应用。在获取互联网信息时，人们会使用搜索引擎。搜索引擎使用基于大数据的信息检索技术与排序技术，将与查询最相关的网页内容呈现在结果列表的最前面。食堂里，工作人员通过摄像头拍摄餐盘并由计算机自动计算菜价并收费。拍照时，手机相机会在画面中自动框选出人脸出现的位置。人们甚至还能通过人脸识别解锁手机与个人电脑。这些各式各样的人工智能应用，均采用了机器学习等人工智能算法来实现。

人工智能算法主要面向预测与决策两类任务。根据利用的数据类型划分，主要可分为面向图像、语音、自然语言文本、结构化记录数据的四种类型。人工智能应用背后的技术体系分为五个方面，包括计算机视觉、语音识别与合成、自然语言处理、信息检索与决策优化。

本书参考了大量的理论文献与实践材料，竭力将抽象的人工智能技术概念和原理，通过浅显易懂的文字与图示进行具象说明。

从本书中可以读到

本书从日常生活场景出发，介绍生活中的人工智能。

本书第一部分从"衣""食""住""行"四个方面，分别介绍生活中丰富多彩的人工智能应用。读者将了解到生活中各处基于人工智能的思路构建的解决方案。从家中的智能更衣镜、拍照探测食物热量、智能出行与智慧城市等大大小小的案例中，读者可以真切地体会到人工智能技术已经在人们生活中获得了广泛的应用。

本书第二部分则从技术视角介绍当前人工智能的五大应用领域，引领读者由浅入深地了解人工智能的基础技术。第一，计算机视觉与感知技术，利用数学方法处理图像数据，并通过神经网络等识别算法完成人脸识别、图像处理等。第二，语音技术，通过声学、语言学等方法针对语音数据进行分析，实现语音识别与合成。第三，自然语言处理技术，通过处理自然语言文本数据，实现自然语言文本的理解、利用和生成。第四，广泛应用于大型互联网服务的信息检索系统，包括搜索引擎、推荐系统、计算广告等几大互联网商业服务。第五，面向决策任务的人工智能技术，包括棋类智能博弈、自动驾驶等包含决策行为优化的任务。

如何使用这本书

本书从青少年"小智"的视角，将人工智能技术相关的应用、背后的基本原理娓娓道来。希望读者在阅读本书的过程中能随着本书主人公"小智"，逐渐了解生活中的人工智能应用及原理。

本书还安排了发散思考的讨论。读者可以从这些讨论中，思索生活中可以用人工智能解决的问题。希望每一位读者都能学会利用人工智能解决问题的思路，提出自己独到的想法，提升人们生活的品质。

致谢

本书的编写与出版凝聚了很多人的心血。本书的主要编写人员有16位：俞勇教授负责策划并确定本书架构、内容组织及审核；张伟楠博士负责对全书内容进行专业指导及审核；粟锐、任侃、杨正宇、刘云飞分别负责编写第一部分的不同章节；卢冠松、宋宇轩、茹栋宇、吴宪泽、钱利华、周思锦、秦佳锐、洪伟峻、陈铭城负责编写第二部分的不同章节；陈子薇负责设计与绘制书中的卡通插画。

小智的一天

早上7：25，小智被一阵闹钟发出的鸟鸣声从睡梦中唤醒。他睁开眼睛，看了看渐渐明亮的卧室。他知道，美好的一天又在智能助理的呵护中开始了。

小智家中的智能设备

小智抬手看了一眼智能手环，手环已经将他昨晚的睡眠状况通过简单的图形显示在屏幕上。小智发现自己比预设的闹钟时间7：30早起了5分钟，他知道自己的最后一段睡眠周期在7点多结束了。

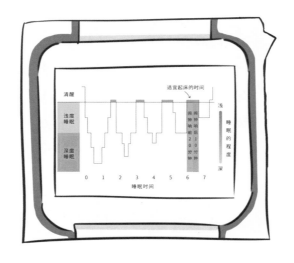

小智的睡眠状况

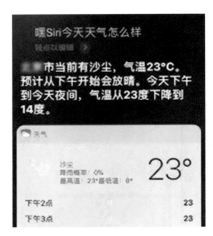
手机上的智能助理与天气提醒

每天闹钟响起的时间是小智通过手上的智能手环预设的。但手环可通过监测他的心跳、呼吸以及身体动作，实时掌握他的睡眠状况，并在接近闹钟预设时间的睡眠周期的结尾通过轻微的震动与声音，慢慢将小智唤醒。

这种通过睡眠监测，遵循人体作息规律的智能唤醒方法能让人在合适的时间醒来，让人在新的一天充满活力。

这时，智能窗帘也自动拉开了。

小智起身穿衣服，洗漱完毕，便对着智能手机问了一句："嘿，Siri，今天天气怎么样？"

小智的手机屏幕亮了，智能助理Siri用清晰而标准的普通话回答小智："早上好，李智！今天天气有沙尘，气温23摄氏度，预计今天下午开始会放晴……"最后智能助理还补充道："天气较冷，建议穿保暖的春装，未来两小时不会下雨，放心出门吧！"

 延伸阅读

天气预报中的温度如何预测

现在的天气预报除了依赖卫星云图，更依靠数值预报技术，即首先利用人工智能算法将多年全球气象资料实况信息与天气形势得出算法预测模型，然后利用这个模型推算未来一段时间的天气情况。

另外，模型还会结合卫星数据、雷达数据、风廓线数据等进行综合推算，即结合天气学原理与分析、气象学、气候学、大气物理等气象知识和人工智能预测算法，最终预测未来一段时间的温度和降水等情况。

小智一听，顺手抓起了衣架上的保暖外套。"现在去学校要多久？"，小智再一次询问手机智能助理。智能助理回答道："现在交通拥堵，乘坐公交车预计56分钟到达"。

于是，小智决定骑自行车上学。

8：00，小智准时出门了。在出门前，他打开手机里的地图App。地图显示，骑自行车总共有两条路可以走，其中一条路由于正在修建地铁，可能出现无法通行的情况，预计到达学校的总时间约为40分钟。

小智走下楼，看到了路边整齐地停放着一排共享单车。在互联网公司工作的哥哥曾经告诉过小智，每天晚上，共享单车公司的智能系统会预测次日的客流与需求量，从而调整车的停放位置，保证客流量较大的区域能有足够数量的共享单车满足客户次日的需求。生活中类似的预测结果，不仅跟平时的客流量规律有关，还跟天气、交通状况等有关。这不，小智今天根据智能助理提供的交通状况和天气预报决定骑车上学。

来到教室，教室里的人脸识别系统自动识别到了小智。小智的学校现在使用签到与点名系统，利用人脸识别技术来签到和点名。学生的出勤记录也会自动发送给班主任，方便班主任进行管理。同时，签到和点名系统还有学习姿势监控与提醒功能，它会监控同学们低头时间太久等不规范的学习姿势并发出提醒，帮助同学们更健康地学习与成长。

教室使用的签到与点名系统

学校还为同学们开发了一款App来辅助学习。利用这款App，同学们可以通过拍摄题目来查找相关题目、上传参考答案与解析，同时还能看到班上其他同学发在上面的题目解析与参考答案。很多同学还在App里面进行课后讨论与错题整理，非常方便。

11：40，上午的课程结束了，小智来到食堂就餐。食堂里虽然人多，但是因为结算过程非常快，所以并不显得拥挤，这主要归功

辅助学习 APP

自动菜价计算器

于食堂新引进的自动菜价计算器。小智自助选择喜欢的菜品，将其放在自己的餐盘内。来到结账台，他将餐盘往摄像头下一放，旁边的显示屏自动识别出了其中菜品的名称与价格，并计算出总价。最后，小智将自己的校园卡放在读卡区，"滴"的一声，付费就完成了。

刚在餐桌坐下，小智想起了哥哥昨天推荐给他的一个拍照测热量App功能，打算尝试一下。他麻利地打开App，并调用手机相机，对准桌上的菜。相机屏幕中间自动出现了菜的品种和菜量，以及对应的热量数值。"嗬！原来披萨的热量这么高！是蔬菜的10倍！"为了健康，小智决定以后少吃一点热量太高的食物。

拍照测热量

17：00，小智结束了一天的学习。因为下午体育课踢了一场球，小智决定赶紧回家洗澡。智能手环提示小智："李智，恭喜你完成了今天的运动目标！距离回家大概45分钟公交车程。请问是否需要帮你远程预热洗澡水？"小智随手点了一下"是"，不禁赞叹道："人工智能，真是帮助了我们很多啊！"

小智家中有很多智能家居产品。刚刚到楼道口的小智使用楼道门禁系统的"刷脸"功能，利用"人脸识别"技术，没有使用钥匙和门卡便打开了楼道的大门。为了提高安全等级，小

智家的智能门禁系统采用了指纹锁与人脸识别锁双重验证机制。

小智家门口的人脸识别智能门禁系统

 延伸阅读

人脸识别智能门禁系统的原理

人脸识别智能门禁系统是基于人脸识别技术的访问控制系统，可利用人脸识别设备对数字图像或视频帧进行验证。它通过门上一个具有人脸识别功能的对讲机来分析人脸图像输入的特征，即定位用户的面部，测量面部结构，包括眼睛、鼻子、嘴和耳朵之间的距离等，并与住户面部数据库进行匹配，以判断该人脸是否为住户。

与使用指纹或虹膜等生物识别系统相比，采用人脸识别技术的系统可以在一定距离内捕捉人脸图像，而不需要专用设备来接触被识别的人。

更多详细内容可以参考本书第五章视觉感知。

第 *1* 部分
生活中的人工智能

　　随着科学技术的发展和进步，人工智能技术已经在不知不觉中闯入了人们的生活，在日常生活的方方面面落地、生根、发芽，为人们生活的各个方面都带来了诸多便利。在这一部分中，我们将从衣、食、住、行四个方面介绍人工智能在生活中的应用及其原理，帮助大家了解人工智能对人们日常生活的影响。

　　本部分共分四章，分别介绍人工智能技术在衣、食、住、行方面的应用以及应用背后的简单原理。"衣"这一章主要介绍辅助人们进行穿衣搭配的智能穿搭助手的组成以及帮助人们在网上选购衣服的应用程序的各项核心技术。"食"这一章主要介绍用于食堂菜价计算的自动菜价计算器的各大组件以及计算食物卡路里的算法与原理。"住"这一章主要介绍用于睡眠质量检测的技术以及智能家居的实现方法。"行"这一章主要介绍出行路径规划、网约车智能派单以及智能交通信号灯这些用于交通中的人工智能算法与技术。

相信通过这个部分各种各样炫酷人工智能应用的介绍，你能了解到人工智能技术给人们生活带来的改变，也能更深入地理解这些应用背后所用的人工智能技术和实现原理。

第一章　衣

　　对于一些想追求时尚又支付不起高昂的形象设计师费用的人来说，穿衣搭配是一件很让人头疼的事。这时可以选择人工智能来帮忙。

　　用于穿衣搭配的人工智能产品用数据和算法理解时尚，可帮助人们进行分析、搭配与选购。同时，还可以通过收集用户信息和偏好，了解用户的气质和喜好，从而成为用户的"私人穿搭顾问"。对于热爱时尚的人来说，人工智能可以帮助他们更好地跟上潮流趋势，足不出户也能选购到适合的时尚单品，搭配出对应场合的穿搭。

　　本章，我们将认识帮助人们日常搭配和选购衣物的人工智能产品，了解这些神奇的人工智能产品背后的原理。

一、 智能搭配助手

　　一天早上，小智边吃早餐边等姐姐穿戴好一起去学校，但是他发现姐姐又陷入了"选择困难"的境地。"我今天穿衬衫是搭配裙子还是裤子呢？"姐姐就这样对着衣柜比划了很久，小智只好自己先出发了。为了帮助姐姐更快更好地搭配，小智的爸爸送了姐姐一个智能穿衣搭配助手"小衣"。

　　又一天早上，小智惊讶地发现姐姐迅速搞定了"搭什么衣服"这个困扰姐姐多年的难题。姐姐开心地拿出"小衣"给小智演示："小衣，我的白衬衣应该搭什么呢？"很快"小衣"把几套搭配整理出来发送到姐姐的手机上供她选择。

姐姐用智能试衣App

小智感到很有趣，很想知道这个搭配小助手"小衣"是怎么实现的。于是小智在网上搜索了很多相关资料，还和班上的硬件爱好者小红一起探究这个穿衣搭配小助手。小智和小红通过研究和讨论，绘制了一张"小衣"的工作原理图。为了实现"小衣"的功能，其内部可以分为：语音识别模块、蓝牙通信模块、搭配智能体核心、Wi-Fi模块、个人电子衣橱，如下图所示。

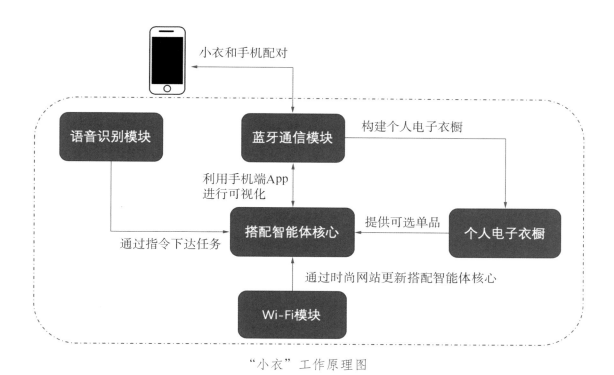

"小衣"工作原理图

语音识别模块用于识别外界的语音信号。"小衣"在开机状态下会通过硬件中的麦克风持续检测外界的声音信号，当检测到自己名字"小衣"时，便会被唤醒。被唤醒的"小衣"通过语音识别技术（有关"语音识别技术"的知识请参考本书第六章）把姐姐说的话从声音信号转换成文字，然后再通过自然语言处理（有关"自然语言处理"的知识请参考本书第七章）把转换出来的文字翻译成"小衣"可以执行的任务，比如"寻找衣橱中与白衬衫最好的搭配"或者"包包a和包包b哪一个与当前搭配更匹配"。

"小衣"在接收到姐姐语音下达的任务后，便开始执行搭配任务，这需要搭配智能体核心来完成。搭配智能体核心执行任务的过程可理解为通过神经网络给一套搭配打分的过程。首先，如下页图所示，搭配智能体核心需要从图片和简短的文字描述中提取每一个单品的特征信息。把单品图片输入到一个神经网络模型，得到的输出可以作为这个单品的视觉特征（即图片特征向量）。这里的神经网络模型需用于处理图像，所以通常采用能够提取图像特征的卷积神经网络（Convolutional Neural Network，CNN）模型（有关"卷积神经网络"的知识请参考本丛书第三册第八章）。与此同时，通过提取简短的描述信息中与关键词汇表（预先设置好的关键词，如"白色""衬衫""高腰"等出现在描述中的高频关键词汇）相匹配的关键词，并将布尔值向量的相应维度设置为1，以此提取出其文字特征。提取特征后即可使用单品的特征来代表一件单品进行搭配。一种可用的方式是把一套搭配看作一个序列，通过现在流行的、可以记忆之前信息的循环神经网络（Recurrent Neural Network，RNN）模型，计算一套搭配在某一种风格下的搭配分数。这里一般采用一种特殊的长短时记忆神经网络（Long Short-Term Memory，LSTM）的循环神经网络模型（有关"LSTM"的知识请参考本丛书第三册第八章），它可以根据搭配分数，从一个单品延伸得到整套穿搭，也能比较两个不同单品和一套穿搭的匹配值。

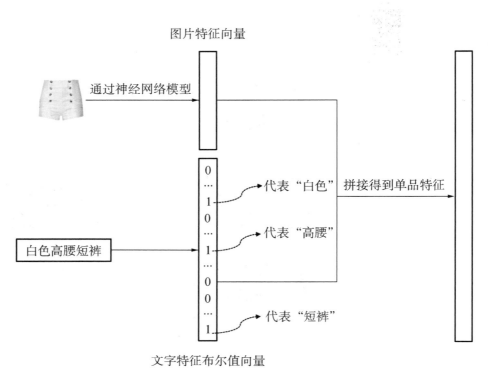

搭配智能体核心通过图片和描述提取特征

Wi-Fi模块使得"小衣"的搭配智能体核心能连接时尚穿搭网站来进行更新，从而让搭配出来的衣服更符合当前的流行趋势。在有的网站上，一些搭配专家会给出一整套当季流行的穿搭。搭配智能体核心可对这样的搭配中每一个单品通过上文中的方式提取特征，并对这套穿搭设置一个高分数，以更新上文中的循环神经网络。为了跟上流行趋势，"小衣"的搭配智能体核心会定期进行"学习"，保持自己一直处于时尚的前端。

个人电子衣橱是"小衣"的存储模块，用来储存姐姐拥有的所有单品的图片和文字描述信息，供搭配智能体核心使用。

蓝牙模块可实现"小衣"与姐姐手机的通信。"小衣"可通过蓝牙模块和姐姐的手机配对连接。在构造和更新个人电子衣橱时，姐姐通过手机上相应的App，上传单品的正面图片和简短描述，比如"白衬衫""阔腿牛仔裤"等。手机会通过蓝牙模块把这些信息传递给"小衣"，轻松方便地为个人电子衣橱添加单品。同时，"小衣"通过搭配智能体核心计算得到搭配方案时，又可通过蓝牙模块把搭配方案发送到姐姐手机上的App。姐姐从App上就能直接获取搭配方案。

黑色渔夫帽

灰色针织衫

黑色皮革双肩包

白色高腰短裤

黑色厚底靴

黑色纯棉裤袜

"小衣"给出的时尚穿搭方案

思考与实践

1.1 现在,"小衣"给出的搭配方案只考虑了时尚因素,还有什么因素能纳入到"小衣"推荐穿搭时的考虑范围呢?

二、 衣服智能选购

小智发现最近姐姐的服装搭配特别好,小智赶紧去问姐姐原因。

姐姐打开最近常用的另一款搭配App展示给小智看。小智看见App上出现了一个和姐姐的五官、肤色、发型和身材几乎一模一样的虚拟3D模型。如下页图所示,App能根据姐姐选择的风格自动搭配,比如如果姐姐想要上班通勤风格的时候,App会推荐左边的一套,看起来温柔又不失优雅,当姐姐想要周末逛街时的穿搭时,App会推荐右边的一套,看起来休闲又舒适。整套穿搭是展示在姐姐的虚拟3D模型上,就像穿在姐姐身上一样,能直接看出穿着效果,这让姐姐能更好地进行选择。

不同风格的穿搭展示在姐姐的虚拟3D模型上

小智查阅资料发现这个App的功能需要通过三步来实现。

第一步是实现人体建模。

在这一步，首先要采集如下图所示的成千上万的人体3D模型作为人体数据库。

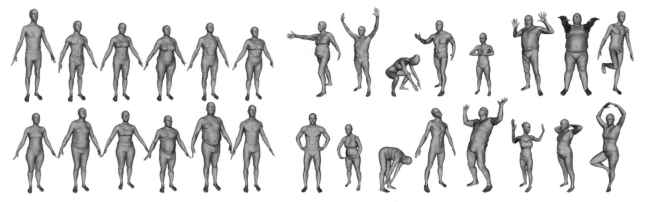

人体数据库（部分）

人体3D模型一般需要身高、体重、头身比例等体形参数。如果希望模型更逼真，还需要人体运动关节相对角度、皮肤纹理等参数。

通过人体数据库里的数据得到的模型与参数间关系的函数，可将参数映射到最终生成的人体3D模型上。之后只要提供相应模型参数，就能形成一个逼真的虚拟人体3D模型。这些参数可从用户的输入中提取出来，或者根据用户照片，通过计算机视觉技术获取。

第二步是实现搭配模块。

这个模块需要实现能找出合适且好看的服装搭配推荐给用户。这里的技术和搭配功能与

"小衣"类似，不过选购衣服的范围从个人电子衣橱扩展到所有可以购买的时尚单品数据集上。

第三步是把搭配好的服装"穿"在建好的人体3D模型上。

要怎么把一件衣服"穿"在人体3D模型上呢？首先需要通过3D扫描数据库里可以试穿的衣服，得到服装3D模型。然后将人体3D模型和服装3D模型进行分段对齐。最后用图形渲染引擎对人体3D模型进行渲染即可。如下图所示，同样的衣服"穿"在体型不同的人身上会产生不同的效果。

相同服装穿在体型不同的人体3D模型上

思考与实践

1.2 小智想，如果去实体店买衣服时，也能通过镜子进行虚拟试衣，这样就不用麻烦地一直换来换去。这样的功能可怎么实现呢？

三、本章小结

在人工智能的帮助下，小智姐姐减少了生活中关于穿衣搭配的很多麻烦，真是太棒了。在生活中，目前已经有很多用来解决穿衣搭配问题的人工智能应用，从亚马逊用于穿衣搭配的Echo Look，到各种品牌的虚拟试衣镜，都给人们的生活带来便利。不妨思考一下，未来人工智能还能在穿衣搭配方面给人们带来什么样的惊喜呢？

第二章 食

中国地大物博，饮食文化源远流长，"民以食为天"这个成语更是概括了中华民族对饮食的追求。热爱美食的中国人创造了丰富多彩的中餐菜式。如右图所示，一桌"色香味俱全"的中餐能让人赏心悦目。

本章，我们将了解如何利用人工智能技术进行菜品识别、餐饮热量检测等。

一桌丰盛的中餐

一、食堂菜价计算

小智的学校食堂已使用配有菜品识别软件的自动菜价计算器。如下图所示，在食堂就餐的同学只需将餐盘放在摄像头下的识别区域，安装有菜品识别软件的计算机便会识别菜品和菜价，然后自动计算总价，并将结果显示在显示屏上，非常便利。相关视频请观看配套多媒体资源。

食堂菜价自动计算

自动菜价计算器的硬件其实很简单，主要需要：

1. 一只摄像头；

2. 一台小型个人台式计算机或者笔记本电脑；

3. 一个显示屏。

它们各自的功能如下页图所示：

用于识别菜品的三个硬件及功能

这套设备由学校深度学习研究兴趣小组的菜品识别项目小组的三位同学完成。小红平时喜欢捣鼓机器人，她负责硬件，并实现摄像头的图像捕捉，将摄像头拍到的画面转换成程序可以处理的二进制格式。小黄一直在学习计算机视觉方面的知识，他负责设计核心图像处理算法。小蓝擅长软件开发，开发过不少计算机工具程序，比如计算器、扫雷游戏等，他负责设计菜品识别软件的界面。

在兴趣小组的分享会上，菜品识别项目小组的同学给大家作了一次详细介绍。首先，他们展示了该项目所参考的一些已有应用，如下图用于菜品识别的手机App。

手机端安装的菜品识别App

接着，小黄和小蓝详细地介绍了计算机菜品图像的处理过程。菜品识别的核心算法分为物体检测、图像识别和信息提取。

菜品识别核心算法的三个步骤

人工智能程序首先进行物体检测，即从一张图中检测出不同菜品的位置。物体检测包含两个步骤：

1. 首先从图片中框选出可能是菜品的区域，排除其他无关图像内容的干扰；
2. 将菜品区域单独分割成一张张小图，用于下一步图像识别。

思考与实践

2.1 如果一种菜品的一部分被另一种菜品遮挡了，在物体检测与图像切割时可能会导致菜品区域切割错误，进而导致图像识别错误。如何解决遮挡带来的识别错误的问题？

获得切割好的图像以后，可利用深度学习技术（利用多层神经网络模型的一类机器学习算法），针对菜品区域图片进行图像特征提取与菜品判断。（有关"深度学习技术"的更多内容请参考本丛书第三册第八章）。

菜品名	概率
番茄炒蛋	95%
水煮鱼	4.5%
海鲜饭	0.5%

图片输入　　特征提取　　菜品判断

利用深度学习技术进一步分析

神经网络在这里承担的两个主要任务是特征提取和菜品判断。在特征提取阶段，神经网络会根据不同图像子区域的颜色、形状细节进行处理，以便菜品判断。菜品判断阶段，神经网络会根据上一阶段提取的特征判断出当前这幅图像的内容中各个种类菜品的概率，如上图，番茄炒蛋的概率为95%，于是该菜品被识别为番茄炒蛋。

菜品识别软件会根据已识别出的菜品的种类去数据库查询更多的信息，例如价格等，然后计算总价格并将部分信息呈现在屏幕上，如左图所示。

干炒白菜花 ¥8元
番茄炒蛋 ¥6元
干炒白米饭 ¥3元
醋溜白菜 ¥5元

菜品识别的结果

思考与实践

2.2 食堂的菜品和菜式会时常更新，人工智能程序也需要动态适应菜品的变化。如果下次食堂添加一道叫"糖醋排骨"的新菜，你会如何改进人工智能程序以识别新的菜品呢？

最后，小黄还分享了一些在完成这个项目的过程中遭遇到的困难，比如如何识别相似度很高的两道菜：糖醋白菜与手撕包菜。

糖醋白菜

手撕包菜

这两道菜从颜色、形状细节上来看确实有很多相似之处。如右表所示，人工智能识别结果也认为这两种菜的概率差不多，难以分别。

于是小黄针对这种情况，特准备多张这几种菜品的图片，有针对性地对神经网络模型进行了训练。小黄训练神经网络模型的过程可参考本丛书第三册第八章。

人工智能识别结果

菜　品　名	概　　率
糖醋白菜	45%
手撕包菜	55%

二、 食物热量监测

小智的同学小明有些偏胖。为了小明的健康，学校的健康管理咨询老师建议小明控制食物热量摄入并加强锻炼。但是如何控制呢？小明陷入了沉思。

 延伸阅读

肥胖带来的疾病隐患

根据世界卫生组织关于儿童肥胖的介绍，儿童肥胖症是21世纪最严重的公共卫生挑战之一。

体重过重和肥胖的儿童到成人时一般仍然肥胖，并有较高概率在较年轻时就患上糖尿病和心血管病等非传染病。比如肥胖儿童不仅血压会明显高于正常儿童，在成年后发生高血压、高血脂、糖尿病的概率也比正常儿童高。肥胖还会影响儿童的青春期发育，危害其呼吸系统及骨骼，且对其心理、行为、智力等产生不良影响。

小智给小明支了一招，他拿出手机，打开一个拍照测食物热量的App给小明。

这个App的操作非常简单，只需打开摄像头，对准食物，点击"拍摄"，很快就能获取识别到的食物名称，以及对应的质量与热量值。

小智用手机拍了小明的披萨和清炒蔬菜照片。很快识别结果就出来了：披萨质量为71 g，热量为168卡路里；清炒蔬菜质量为189克，热量为47卡路里。完整视频请观看配套多媒体资源。

"原来披萨的热量这么高啊！"小明发出了惊呼。他决定用这个App来辅助自己控制每天的热量摄入。

披萨的热量

清炒蔬菜的热量

 延伸阅读

食物的热量

人体每时每刻都需要消耗能量。这些能量来自人们摄入食物的热量。食物中能产生热量的营养素有蛋白质、脂肪、糖类和碳水化合物。它们经过氧化产生热量供身体使用。热能供给过多时，多余的热量又会变成脂肪，导致人体发胖。

手机检测食物热量的过程可以分为三个步骤，如下图所示。

拍照测热量的过程

从功能上看，这与菜品识别的区别在于，食物热量检测还需要估计摄像头视野中食物的质量，然后根据估算的质量计算总热量。"估算"从技术实现来说难度较大，因此，这里所涉及的技术范围更广，难度也更大。

第一阶段物品识别的主要目标是利用计算机视觉算法，进行物体检测与分类识别（有关"分类模型"的知识请参考本丛书第三册第八章）。识别结果是图中所示食物的名字与简单的介绍信息，例如每百克热量等。

第二阶段质量预测的主要任务是估算图中食物的质量，用以计算食物的总热量。这部分涉及图片信息到质量信息的回归预测任务（有关"回归预测模型"的知识请参考本丛书第三册第八章）。这个阶段的输入是食物图片和前一个阶段识别得到的食物名称等信息，输出是根据图中食物的密度等信息估算出的总质量。

第三阶段则是热量计算与结果呈现。这个阶段会根据识别的食物名称去数据库中查询食物的单位热量等信息，然后将估算的总质量乘以单位热量，计算出食物的总热量，然后呈现在手机屏幕上，如下图所示。

根据识别的菜品和质量估计热量

小明在使用了这个App之后，有意识地注重摄入营养价值高同时又不带来高热量的食物，最终成功地实现了自己的减肥愿望。

三、 本章小结

　　人工智能在生活中通过检测、识别等技术，给人们的生活带来了极大的便利。本章涉及的人工智能技术主要是"计算机视觉"相关的模型与算法，详细内容可以参考本书第五章"视觉感知"。在生活中，其实还有很多人工智能视觉技术的用武之地，聪明的你可以观察身边的事物，提出更多有趣、实用的人工智能应用创想。

思考与实践

　　2.3 有了用于"吃"的人工智能应用，你觉得生活中哪些职业可能被它们所取代呢？

第三章 住

人们都希望生活可以更便捷，更有品质，以及更安全。得益于智能算法的兴起，使用智能产品打造的智能家居正在给人们提供这样一种便利的生活方式。比如，智能手环能让人们了解自己每天的睡眠状况，辅助人们进行科学睡眠。人们只需要与智能音箱"对话"便可以便捷地使用操控智能家居产品。

本章，我们将通过小智使用智能家居产品的奇妙经历，来理解智能手环和智能音箱的工作原理，同时了解当前比较先进的人工智能算法在智能家居产品中的应用。

一、 睡眠状况检测

一个寂静的夜里，小智因为担心即将到来的考试，迟迟无法入睡，这时小智求助于自己的智能手环。智能手环通过家中的智能音箱播放出舒缓和谐的轻音乐。伴随着舒缓的轻音乐，小智很快进入了梦乡。当智能手环检测到小智处于深度睡眠状态时，音乐便自动停止了。到了清晨，小智在浅睡眠状态下被一段舒缓的闹铃声唤醒。

小智醒来后觉得很清爽，然后通过智能手环看了自己这一晚的睡眠状况。如下图所示，智能手环很直观地呈现了小智夜晚的清醒时间、浅度睡眠时间以及深度睡眠的时间，并标识出了适宜起床的时间。

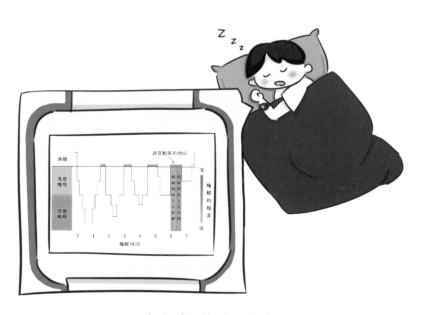

智能手环的睡眠监测

同时，小智还通过与智能手环绑定的手机App查看了睡眠质量分析报告，如下图所示。小智发现，在智能手环的帮助下，自己的睡眠质量越来越高了。

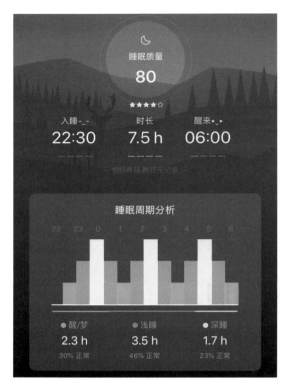

自动生成的睡眠质量分析报告

睡 眠 阶 段

人类的睡眠存在一定规律，即人类一般在90～100分钟的一个睡眠周期内会经历三个睡眠阶段，分别为清醒期、浅睡期和熟睡期。

清醒期

该阶段是睡眠周期的开始，此时人的脑波开始变化，频率渐缓，振幅渐小。

浅睡期

该阶段开始正式睡眠，属于浅睡阶段。人类对周围环境的感知减少，体温会稍微下降，同时呼吸及心率会变得更加有规律。此时人的脑波渐渐开始不规律，频率与振幅忽大忽小。

深睡期

该阶段开始深度睡眠。此时，人不会轻易被唤醒，肌肉会十分放松，呼吸频率降低。此时人的脑波的频率较低，振幅增加较大，呈现变化缓慢的曲线。

在熟睡期，人可能会进入到快速眼动睡眠（rapid eye movement sleep，简称REMs）的阶段。该阶段人的具体表现为大脑十分活跃，身体高度放松，很容易做梦。同时脑波迅速变化，出现高频率、低振幅的脑波。人通常会有翻身的动作，并很容易惊醒。如果此时将其唤醒，大部分人都感觉自己正在做梦。

因此，睡眠也可分为两种类型。第一种类型是非快速眼动睡眠（non-rapid eye movement sleep，简称non-REMs）。这个状态下，人变得反应迟钝，无法及时响应环境中的噪声和活动。第二种类型是快速眼动睡眠。这时，人的大脑十分活跃，容易被外界唤醒，此时人们大部分处于梦境状态。

爱思考的小智很想了解智能手环怎么监测睡眠，于是他查阅了很多资料，了解到睡眠状况监测一般采用两种常用方式：基于体动的睡眠状况监测和基于多导睡眠仪的监测。

1. 基于体动的睡眠监测

通常，基于体动的睡眠监测会把睡眠划分为三个阶段，分别是清醒阶段、浅睡阶段和熟睡阶段。人在不同睡眠阶段会有不同的状态。智能手环中的核心模块——运动传感器，可以采集人体睡眠时的肢体移动数据，以便智能手环进行特征提取，进而判断用户的睡眠阶段，如下图所示。

基于体动的睡眠检测过程

从技术上，基于体动的睡眠监测会先去除环境噪声，然后提取出一定时间间隔内，睡眠者肢体移动的幅度和频率特征。然后利用上一阶段提取到的特征来进行睡眠阶段判断，输出使用者所处各个睡眠阶段的概率，并选择其中最大概率的睡眠阶段作为预测结果。

通过基于体动的睡眠监测，智能手环就可以无间断地监测小智的睡眠啦。它会在清晨浅睡状态下唤醒小智，分析整晚的浅睡和深睡时间，给出睡眠质量评分，提供改善睡眠的建议。

2. 基于多导睡眠仪的监测

基于多导睡眠仪的监测是最准确的睡眠监测方式，它通过监测睡眠时的脑电图、肌电图、心电图和眼动图等，可以很准确地判断出人的睡眠阶段，诊断与睡眠相关的疾病。但由于监测脑电波时需要在被测者头上插满电极，这种方式目前只在医学上有较多的应用。

智能手环以及手机睡眠监测 App 都是使用基于体动的睡眠监测。其实生活中不少人躺在床上时会没有大幅度动作，这时，基于体动的睡眠检测可能判定其为睡眠状态，而实际上被测者是醒着的。所以这种基于体动的睡眠监测方法不及基于多导睡眠仪的监测方法精确。但因为价格亲民，使用方便，且准确度在可接受的范围内，基于体动的睡眠监测逐渐被更多的人接受并使用。

思考与实践

3.1 基于体动的睡眠监测中，为什么需要特征提取步骤呢？如果直接把肢体移动数据用到睡眠阶段判断模块，会发生什么呢？

二、 智能家居与物联网

傍晚，小智放学回到家，刚进入家里，就听到可爱的语音"小主人，欢迎回家"。原来是家里的新成员——智能音箱"小音"知道自己回来了。小智对小音说："我回来了，我要先写作业了。"小音收到这样的指令，马上将书桌上的智能台灯打开，并调节为夜光模式。像这样的智能家电，小智家还有很多。妈妈使用扫地机器人打扫卫生，智能电饭煲煮饭，爸爸使用智能音箱操作智能电视，以及查询、预订机票或收听新闻等。小智的家庭正在享受着智能家居所带来的便利生活。

智能音箱

智能台灯

　　小智在写作业的时候，突然看到房间的智能门窗自动缓慢关闭了，同时听到从客厅传来了小音的声音"开始下小雨，已为您关闭家庭窗户"，小智这才发现原来下雨了。小智认为"小音"很贴心，但这声音打扰到了自己学习。

智能窗帘

　　小智希望改进小音，使它在自己学习时，声音能小一些。于是小智迅速行动起来，通过查阅资料，了解了小音的工作原理。

　　如下页图所示，小音会持续接收外界的声音，一旦检测到唤醒词"小音"，便会开始工作。若主人说"小音，关闭书桌台灯"，小音便会将主人的指令"关闭书桌台灯"发送到服务器。服务器中的语音识别和语义分析模块会通过人工智能算法理解人类语言，然后发送控制指令给智能台灯。智能台灯完成关闭动作后，语音反馈模块会生成"已经关闭台灯"的信息，并发送给小音。最终小音将这段信息转化成声音，并通过扬声器将这段声音播放出来。

小音的核心技术包括了语音识别技术和语音合成技术（有关"语音识别和语音合成"的知识参考本书第六章）。"小音"通过这些人工智能算法能理解人类语言，从而根据人类的命令操控智能家电。当然，"小音"还需通过Wi-Fi或蓝牙等通讯协议与远程服务器和智能家电相互连接。

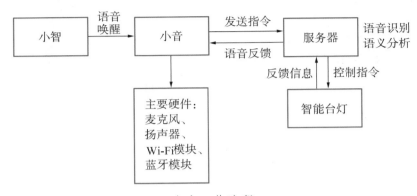

小音工作流程

根据小音的工作原理，小智想到了降低声音的解决方案：在小音识别指令时增加一个判断，判断小主人是否在学习，如果小主人在学习，则发送降低音量的指令。

小音本身具有关键词自定义回复功能，即用户可以为某个指令设置特定的操作。自定义回复就是让小音存储特定的指令，一旦再次识别出这个指令，小音就会完成预先设置好的相关操作。例如当小智对小音说"小音，我回家了，我要写作业"时，小音会帮小智打开书桌台灯。小智没有给小音"打开书桌台灯"的指令，但小音会为"我要写作业"这个指令完成预先设置的"打开书桌台灯"的操作。

小智还为"我要学习了"这个指令设置了相关操作，让小音收到这个指令的时候，不仅打开书桌台灯，还自动调节为静音模式。这样，小智不需要直接向小音下达"请静音"的指令，只需告诉小音自己要学习就行。

小智发现上述解决方案需要自己通过语音直接告知小音自己要学习，如果智能家居系统能自动感知自己在学习，进而控制小音的音量，那就更好了。小智觉得随着技术的成熟，未来还可以为小音配备摄像头，增加交互方式，使其像下图所示的家庭机器人一样，可以通过摄像头捕捉用户的状态，从而判断用户是否在学习。小智的想法，正是"智能行为识别分析技术"所要实现的目标。智能行为识别分析技术通过视觉、语音等融合特征来识别、预测使用者的行为状态与趋势，从而为使用者提供更加便利与可靠的服务。

家庭机器人

了解小音的原理后，小智对小音唤

醒模块很感兴趣。小智在家主要是靠语音来唤醒并控制小音和智能家电的。小智认为人类想引起他人注意，不仅会通过语言交流，还会通过肢体动作或者眼神，也许我们也可以通过肢体动作或眼神来控制智能家电。其实现在已经有很多基于肢体动作识别来控制智能家电的产品或研究了，比如手势识别控制灯、手臂移动控制温控器等。对于是否可以通过肢体动作识别来唤醒小音，富有想象力的小智畅想着在未来科技更加发达的时候，人工智能可以实现通过设备监测人类的思维意识，使人通过"脑控"来与"小音"进行交流。

手势控制灯

三、 本章小结

在人工智能的帮助下，未来会有越来越多炫酷的智能家电进入千家万户。也许还会有一些智能家庭机器人成为人们家庭中的重要一员，与人们进行情感交流。请你发挥想象力，尽情地畅想未来的智能生活吧！

思考与实践

3.2 你觉得现在的家居用品还有哪些可以智能化，如何设计和实现？

第四章 行

如今，城市里的汽车很多。在上下班等高峰期，道路上常出现严重堵车现象。

近些年来，随着计算机硬件及互联网的发展，人们开始求助于人工智能来解决包括堵车在内的一系列交通问题。人工智能通过分析服务器端收集到的海量交通数据，为用户提供智能高效的交通服务，例如路径规划、智能信号灯控制、智能出行派单等，进而缓解城市交通压力。

小萌上个周末恰好去杭州观看了某当红歌手的演唱会，全靠人工智能提供的交通服务，她才及时地赶上了演唱会。本章，我们将与小萌一起来了解人工智能在交通领域中的应用及其背后的工作原理。

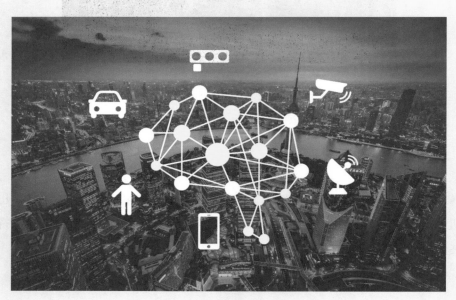

交通数据收集过程中涉及的元素

一、 出行路径规划

由于天气原因，小萌乘坐的高铁晚点了15分钟，这导致她到达杭州东站出口时已经18：38了，离演唱会开始只有不到50分钟。而从杭州东站到演唱会地点，一般开车都需要耗费近一个小时。时间紧迫，小萌十分着急。

这时，小萌打开了地图应用，查看了抵达演唱会地点的最快路径，她惊喜地发现还有机会能在演唱会开始前到达目的地，于是她连忙在网约车平台上呼叫了出租车。

人工经验与人工智能路径规划

这里，小萌已经享受了人工智能带来的便利。在小萌利用地图应用查看路径时，地图应用背后的人工智能会进行路径规划，在地图上标出多条路径并标注出最优路径，同时进行时间预测，即预计每条路径可能耗费的时间。

（一）路径规划

路径规划指根据给定的地图、出发点和目的地，找出从出发点到目的地的路径。路径规划可以采用比较传统的图算法（有关"图算法"的知识请参考本丛书第三册第二章和第三章）或是比较前沿的深度学习算法。

1. 基于传统图算法的方法

该方法首先将真实地图进行抽象，如右图所示，A、B、C等节点代表了真实世界中的一个地点，连接节点的边上的权值（数字）代表了两个节点之间距离或其他属性的度量，如果偏爱距离比较短的路径，那么可以将这个权值定义为距离。在抽象完成之后，便可利用传统的图算法实现路径规划。

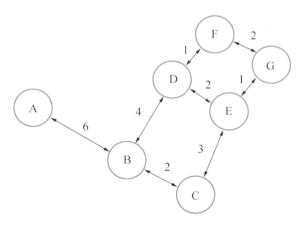

抽象后的地图

2. 基于深度学习算法的方法

该方法主要基于循环神经网络（有关"循环神经网络"的知识请参考本丛书第三册第八章）。该方法的框架可以简化为编码器和解码器两个部分，其作用分别为：

（1）编码器：将地图及地图相关的拓扑信息、出发地、目的地、不完全路径以及上一时刻信息的数值化表示作为输入，筛除与路径规划无关的信息，提取出和路径规划相关的信息，将其压缩为新的数值化表示。

（2）解码器：将编码器提取的压缩过的信息的数值化表示作为输入，进一步扩展当前的不完全路径。

整体流程如下图所示，编码器接受输入，将其压缩成一个数值化表示，并存储该数值化表示以用于下一时刻计算新的数值化表示。然后解码器根据该数值化表示，对输入中的不完全的路径进行扩展，得到一条扩展过后的路径，该扩展后的路径将作为下一时刻输入中的不完全路径。就这样一步步对路径进行扩展，直至到达"目的"地点。

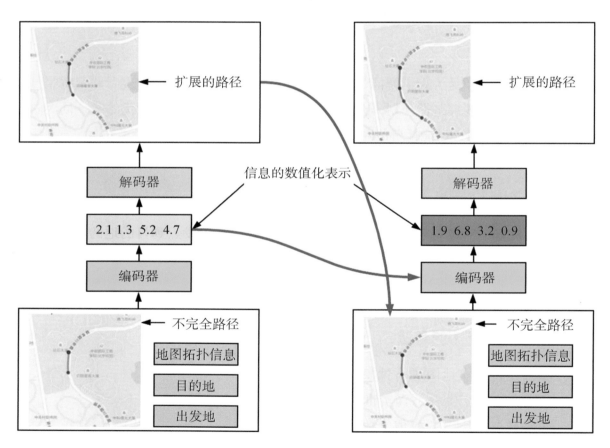

基于深度学习算法的路径规划算法框架及运行流程

（二）时间预测

路径规划只是提供了相对静态的路线信息，而时间预测主要处理相对动态的信息。行驶所需要的时间还取决于指定路径实时路况等动态信息，不完全由路径距离所决定。

1. 传统方法

如右图所示，用传统方法进行时间预测时，首先需将规划好的路径分段，并针对每一段路径查询历史数据，然后预计并累加每段路径的耗时，最终便得到整条路径的耗时。

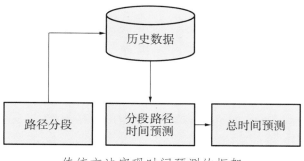

传统方法实现时间预测的框架

2. 基于深度学习算法的方法

该方法利用循环神经网络从路径信息、路况信息和用户信息中提取出序列特征，并通过其他手段对原始数据进行处理，得到用户特征、交通特征、时空特征等，进而将其建模成一个回归问题（有关"回归"的知识请参考本丛书第三册第八章）以对时间进行预测。

思考与实践

4.1 来到"上有天堂，下有苏杭"的杭州，人们往往想尽可能多地领略杭州美景。根据已经学过的知识，是否可设计一种能够在保证时间效率的基础上规划出可以欣赏尽可能多美景的路径的算法呢？

二、 智能出行派单

小萌在网约车平台上呼叫的出租车很快便到了，她非常惊喜。

小萌迅速给司机展示了她在地图应用上查找到的最快路径，并嘱咐司机尽量抓紧时间。小萌通过和司机聊天，了解到司机通过网约车平台得知东站这边车辆供应不足，于是赶紧过来，很快就接到了订单。

网约车服务水平提高的背后，当然也少不了人工智能的身影。

对用户而言，网约车到达用户面前的时间是衡量网约车平台服务质量的一个重要的指标，这就给网约车平台的派单模块施加了极大压力。目前网约车平台的智能派单模块主要可以分为两个部分：订单发生时的订单分派模块和订单发生之前的供需预测模块。其中订单分派模块在派单模块中起主要作用。

网约车呼叫耗时现状[1]

目前，在人工智能的帮助下，网约车平台的派单算法变得越来越智能，用户打车也越来越便捷。下图为某网约车平台2018年第一季度的报告，可见大城市交通枢纽网约车换乘时间（从下单到上车所用的时间）最长也才10分钟左右。

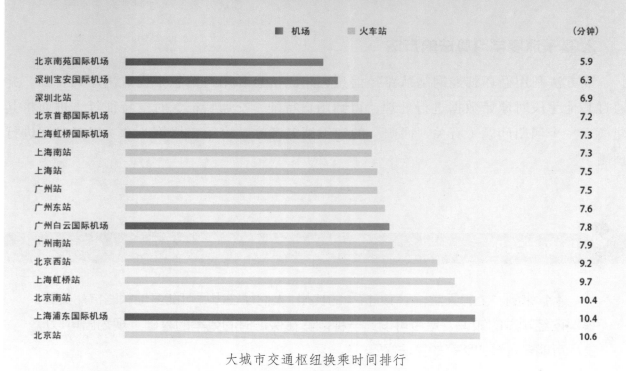

大城市交通枢纽换乘时间排行

为了实现网约车派单，人们设计了许多人工智能算法。本文介绍其中一种。

一定程度上，可以利用网约车司机群体的收入来衡量网约车平台的服务质量。因为一般网约车司机收入越多，意味着该司机服务了更多里程，也反映了该司机处于载客状态的时间长。从网约车司机整个群体来看，若他们处于载客状态的时间都长，那么说明用户从下单到上车的时间也就很短，用户的体验自然也就很高。自AlphaGo（一款下围棋的人工智能程序）战胜人类棋手后，其采用的强化学习方法吸引了越来越多业界的目光，有的网约车平台也借助强化学习方法来学习派单算法，该学习派单算法的框架如下页图所示。（有关"强化学习"的知识请参考本丛书第三册第十章）

一般而言，网约车平台会把订单派送给离用户较近或是抵达用户时间短的网约车司机。

---

1 滴滴2018Q1出行报告

学习派单算法的框架

供需预测模块在派单模块中起到辅助作用。

为了更好地实现智能派单，派单系统通常会依据地理位置将一个城市划分成不同的派单区域，然后对各个区域的供需情况进行预测。

只有各个区域供需平衡，用户才都能成功呼叫车辆，司机也才能都接得到订单，从而提高司机的收入并提高用户体验。然而网约车司机自身无法了解到各区域的供需情况，单纯依靠订单进行司机位置的转移无法实现供需平衡，故而需要网约车平台对整个城市的车辆供需进行全局把握。网约车平台利用人工智能算法提取出各个区域的时间、空间特征，然后基于这些特征进行供需预测。这些算法中主要使用了基于图的卷积神经网络。在实现供需预测后，网约车平台能够在订单发生之前对车辆进行调度，使得绝大部分司机都能接到订单，网约车司机也能够更快地到达乘客面前。

思考与实践

4.2 若沿用派单时采用的强化学习方法，应该如何设计拼车的算法？

三、 智能交通信号灯

傍晚恰好是交通高峰时段，道路很拥挤，小萌不禁担心赶不上演唱会。看着小萌着急的神态，司机师傅淡定地说："2017年7月，杭州的城市数据大脑项目上线后，杭州2 000多个地面道路的交通信号灯都实现了由城市大脑实时监控。这能及时发现交通问题并调整红绿灯时间。现在南北走向车流比较少，所以我们走的东西走向道路上的绿灯时间会比较长，比较通畅。我们应该能及时到达目的地。"

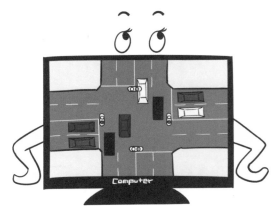

人工智能控制十字路口的红绿灯

因人工智能尚未完善，且城市的交通系统又过于复杂。杭州的大部分红绿灯调控其实并非全由人工智能控制，人工智能只负责实时检测路口的通行效率，当道路的通行效率低于某一阈值时，人工智能发出通知，最终由人工实现红绿灯的调控。不过，随着技术的进步，现在杭州有几十处高架匝道交通信号灯实现了人工智能自动控制。（可打开并观看配套资源中的《信号灯调控演示》视频）

任何事物的发展都遵循循序渐进的过程，相信经过足够多的试验并总结经验后，城市内的交通系统也会逐渐达到完全智能化监控。

目前，已经有科学家将强化学习引入智能交通灯控制中，并在历史交通数据上进行了实验，取得了极佳的效果。具体框架如下图所示，相信在人们的努力下，完全智能的交通信号灯系统未来可期。

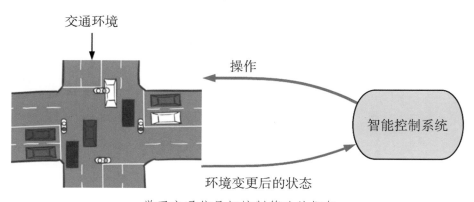

学习交通信号灯控制算法的框架

💡 **思考与实践**

4.3 好的交通状况应该有哪些量化的指标呢，为解决上述交通出行问题，应该优化哪些指标？

四、 本章小结

得益于人工智能在交通中的应用，小萌顺利地在开唱前抵达了演唱会现场。

近些年，人工智能为人们的出行带来了极大的便利，对城市交通的优化作出了极大的贡献。人工智能的引入，使得海量的交通数据能够被快速地读取并处理，从而实现对交通运行状态实时监测并作出判断，并向交通管理者提出建议或直接进行决策。这不仅仅解放了人类的生产力，也使得海量的交通数据真正得以实现价值。

相信随着技术的持续发展，人们的出行会因人工智能而变得更加便利、通畅以及愉悦。

第**2**部分
人工智能技术的应用案例

上一部分"生活中的人工智能"分别从衣、食、住、行四个方面，介绍了每个人生活中经常接触到的智能应用背后的人工智能技术。本部分将从人工智能技术角度，详细讲解视觉感知、语音技术、语言处理、信息检索与智能决策背后的基本原理和日常生活中的典型技术应用。

人类无时无刻不与外界环境进行着某种形式的信息交互。人类的智能正是建立在环境信息的感知、处理与利用能力的基础上。若要机器具备与人一样的智能，这些能力必不可少。本部分的第五、六、七

章将介绍机器如何对视觉、语音、语言（文字）这三种不同形式的信息进行感知与处理；第八章将介绍机器如何利用海量的信息，辅助信息检索与推荐；第九章将介绍机器如何利用与环境交互所获取到的信息进行智能决策。

人工智能已经存在于人们生活中的方方面面。它有着神奇的力量，为人们带来了更加便捷、更加多彩的生活体验。人类通过自身的智慧创造了技术，而技术又会反过来，不仅影响着人们的衣食住行，更影响着人们对技术、对这个世界的思考。那么，让我们从现在开始，带着这些思考，一起来了解神奇的人工智能背后的原理吧。

第五章　视觉感知

小黄对计算机技术很感兴趣，尤其热衷于计算机视觉领域。只要计算机视觉领域出现新的应用点或者取得新的突破，他都第一时间认真阅读相关的科技报道。渐渐地，他不再满足于知道计算机视觉可以做什么，他有强烈的求知欲，他想知道这些计算机视觉应用背后的原理。

本章将介绍人脸识别与图像风格迁移这两个广泛的计算机视觉应用背后的原理。

一、计算机视觉概述

首先来了解什么是计算机视觉，为什么要有计算机视觉。

脑神经科学的研究表明，人类大脑从外界获取的信息中，超过百分之七十由人类视觉系统感知、接受和处理。同时，人类大脑皮层约有一半的区域参与了视觉信息的分析。对视觉信息的感知与处理能力是人类智能的重要组成部分。如下图所示，人类的视觉系统通过眼睛感知外界的光学信息，通过神经将感知到的信息传递给大脑进行分层处理，最终根据大脑的处理结果控制人体作出相应的反应。

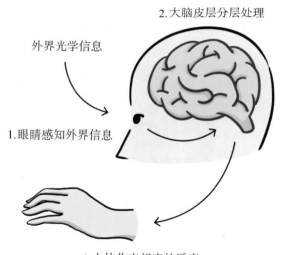

人类大脑对视觉信息的处理

计算机视觉是计算机科学中研究如何使计算机理解图像数据，以模仿人类视觉系统的一门科学。如下页图所示，在计算机视觉中，计算机首先通过传感器对外界进行感知，并将外界的视觉信息编码成计算机可以读取的图像数据，然后通过设计好的算法对感知到的图像数据进行分析处理，最终得到对图像数据的"理解"结果。

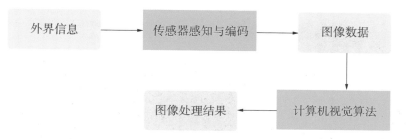

计算机视觉应用的整体框架

相较于人类视觉，计算机视觉具有一些优越性。首先，计算机通过传感器感知到的视觉信息形式比人眼感知到的视觉信息形式更加丰富。比如计算机可以通过特殊的传感器感知到可见光范围之外的电磁波，如下图所示为红外热像仪感知到的建筑外部热力图和高速摄像机以高频率记录的子弹出膛瞬间。其次，计算机在存储性能、计算效率上优于人脑。比如若在海量的监控视频数据中查找某人，如果单靠人工查找，这无异于大海捞针，而采用特定算法，利用计算机在执行重复任务上的高效率对每一帧图像进行分析与识别，很快便能找到此人。

红外热像仪拍摄到的建筑物外部热力图

高速摄像机拍摄到的子弹出膛瞬间

计算机视觉研究如何使计算机理解图像数据。在不同的应用场景中，因对图像数据有不同的"理解"目标，于是计算机视觉研究领域产生了不同的计算机视觉研究方向，如物体检测、语义分割、图像风格迁移和人体姿态检测等。

1. 物体检测

物体检测的目标是从一张图像中识别出指定物体的位置，通常以图中的一个矩形方框标识出检测到的物体的位置，如从交通监控视频中识别出车牌的位置，以便进一步对车牌号进行识别。如今，物体检测被广泛应用到安防、支付等应用领域的人脸识别算法中，这些应用能实现的第一步需要在图像中检测出人脸，以便算法进一步对图像中出现的人脸进行身份识别。下页图展示了使用物体检测算法对照片中的人进行检测的结果。

物体检测示例

2. 图像分割

图像分割的目标是从一张图像中分割出独立的物体，通常以不同的颜色标记不同的物体，如下图所示。图像分割可被应用于无人驾驶技术中，对车载摄像头捕获的道路图像信息进行图像分割，以识别出道路上的行人、车辆等物体，辅助无人车规避障碍。图像分割也可应用于医疗影像分析，以辅助医疗诊断。

图像分割示例（图为著名的 Cityscapes Dataset 数据集中的标注）

3. 图像风格迁移

图像风格迁移的目标是将某一张图像A（如梵高的《星夜》图），或者某一类图像（如梵高画作的整体风格）的"风格"迁移到图像B上，同时保留图像B的内容。如今流行的各种拍照应用，大多都带有图像风格迁移的功能，即"滤镜"。使用滤镜，人们可以将一张春天风格的照片变换成一张夏天风格的照片或者动漫风格的图片，甚至变换成一张梵高的画作。下图展示了将手机拍摄到的风景照片分别转换成梵高《星夜》（*The Starry Night*）图风格与梵高风景画作风格的图片。

风景图

梵高《星夜》图

《星夜》风格的风景图

梵高风景画风格的风景图

4. 人体姿态检测

人体姿态检测的目标是检测出图像中人体的姿态，检测结果为人体各关节点的坐标。如下图所示，将关节点连起来便得到人体姿态的"火柴人"表示。人体姿态检测可以应用于行为识别，如对犯罪分子的危险行为的识别。

人体姿态检测示例

二、人脸识别

暑假时，小黄利用业余时间在人来人往的地铁站当志愿者。他看到每个地铁站都有很多类似于下图的摄像头。他不禁思考，"如果有办法利用计算机视觉技术，自动地在摄像头中识别出警察正在找的坏人，那么将大大地提高警察抓捕犯人的效率。

地铁站中的摄像头

回到家，小黄迫不及待地打开电视观看自己喜爱的篮球比赛。他发现比赛场外有很多数据记录员，如下图所示，他们正忙碌地记录着这一场比赛的各种数据。看着他们忙碌的身影，小黄不禁思考，"如果能够利用计算机视觉技术，通过比赛视频自动进行数据记录，那么将可以大大地减轻数据记录员的工作量。利用计算机视觉技术自动进行数据记录的第一步是识别出现在正在场上比赛的球员。"

篮球比赛中的数据记录员

比赛实在太精彩了，小黄想与同样热爱篮球的朋友小宋交流比赛感想。于是小黄拿出了爸爸给他买的带人脸解锁功能的手机，将摄像头对准自己的脸，手机瞬间就解锁了。就这样，两个人一边看比赛，一边聊得热火朝天，一直到比赛结束。

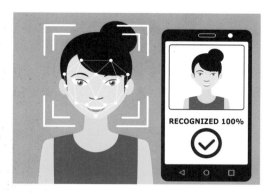

人脸解锁示例

躺在床上，小黄回顾今天的开心经历不禁思考："人脸解锁真的好神奇啊！是否可以把人脸识别技术应用在地铁站或篮球比赛中呢？人脸识别是怎样从视频和图片中识别出人脸的呢？"

人脸识别技术是计算机视觉技术中应用较为成熟的一种技术，被广泛地应用在安防、支付等领域，如人脸解锁、刷脸过门禁、刷脸支付等。人脸识别技术能识别出图像中出现的人脸信息，其主要算法步骤如下图所示。首先对图像进行处理，包括人脸检测、关键点对齐、人脸编码等，得到人脸的编码。然后，对于有身份信息的不需要识别的人脸编码，将其存储到数据库中以备身份识别使用；对于没有身份信息的需要识别的人脸编码，利用数据库进行身份识别得到对应的身份信息。

以手机中的人脸解锁功能为例，在开始使用前，用户需要先用手机上的摄像头拍几张脸部照片，并存储起来。当用户需要解锁手机时，用手机摄像头对准脸部，这个时候手机从拍到的照片中检测是否有与之前存储的人脸一致的人脸。

人脸识别技术的关键步骤如下图所示。

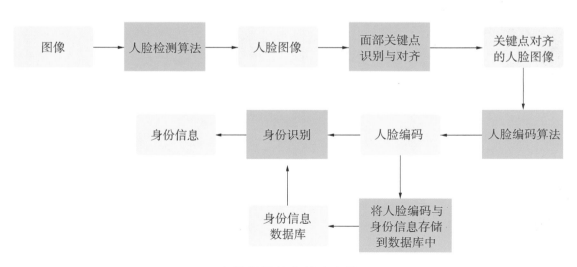

人脸识别技术算法步骤

1. 人脸检测

为了识别人脸，第一步需在照片中找到人脸并且确定人脸的位置。很多手机中的相机都带有人脸检测功能，这个功能可以很好地保证相机能够对焦到所有人脸上。如下图所示，手

人脸检测功能

机相机已经检测出人脸并用一个矩形框将人脸框出来啦!

那么手机相机是怎么从拍到的照片中检测到人脸的呢?

通常情况下,照片都是彩色图片。而从一张照片里面找到人脸却并不需要颜色信息。因此应先将彩色图片变成黑白图片,再通过方向梯度直方图(HOG)的方法从黑白图片上提取特征,得到HOG图,最后在HOG图中寻找人脸。如下图所示为一张人脸图片及其对应的方向梯度直方图。看,经这种转换技术之后,HOG图中,人脸的五官等面部关键信息变得更加明显啦!这样,计算机就可以很快检测出人脸了。

人脸图片和对应的方向梯度直方图

2. 面部关键点检测与对齐

现在存在这样一个实际的问题,如下图所示,对于人类来说,当人从不同角度看一个人的时候,人可以很好地判断出这是同一个人,但是对于计算机而言,不同角度的同一个人很容易被认作两个人。当数据库中只有一个人的正脸照片时，计算机如何从监控摄像头拍到的画面中识别出各种姿态人脸的一个人呢？

不同角度的人脸

为了解决这样一个问题，计算机视觉科学家们提出了面部特征点估计的算法。这一算法的基本思路是找到人脸上普遍存在的68个特定的标志点（称为特征点），如下巴的顶部、眼睛的外部轮廓、眉毛的内部轮廓等，如下图所示。通过在大量人脸数据上的训练，该算法现

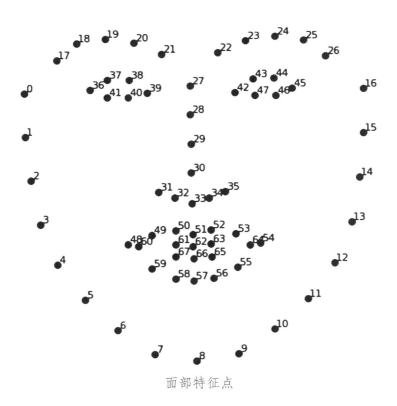

面部特征点

已可以在任何人脸上找到这68个特定的点。

因同一人脸的关键特征都处在基本一致的位置，根据这些特征点对不同角度拍到的人脸图片进行旋转、平移、缩放等操作，便可以在很大程度上解决将同一个人不同角度的人脸识别成两个人脸的问题。

3. 人脸编码

接下来，如何计算不同的两张人脸之间的相似程度，以判断两张人脸是否来自同一个人呢？对于计算机来说，所有的信息都必须使用数字来表示，这样才能够被计算机读取、存储与计算。信息转化成用数字表示的过程称为编码。虽然图片已经是经过编码的信息（将外界的光学信息转化为数字化表示），但是想要使用计算机更好地对图片上的人脸进行操作，还需要对人脸进行数字化表示，也就是对脸部进行编码。具体来说，需要使用一种固定的方法从一张人脸上提取一些基本特征来表示这一张人脸，例如耳朵的大小、眼睛之间的间距、鼻子的长度等。然后，用同样的方法来测量未知的面孔，通过比对找到数据库中与被测脸最相似的那张已知的脸。

以上特征都是基于人类视觉的一些特征。实际上，在对脸部进行特征提取这个任务上，机器已经超越了人类。在计算机视觉领域，通常使用如下图所示的"卷积神经网络"对图片进行特征提取。相较于符合人类直觉的特征，"卷积神经网络"能够提取到更加精细的人脸特征，从而提高人脸识别的准确率。

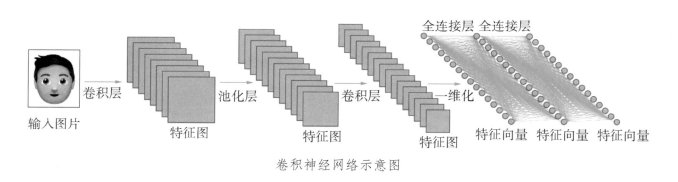

卷积神经网络示意图

将人脸图片输入到如上图所示的"卷积神经网络"，便可获得人脸编码。

4. 身份识别

通过对人脸进行编码，现在已经得到一张人脸的数字化表示，即人脸编码。对于有对应身份信息的人脸编码，可将其存储到数据库中以供使用。对于没有身份信息的人脸编码，应通过编码从数据库中找到最接近的人脸。在机器学习中，这属于分类问题。有许多分类算法（有关"分类算法"的知识请参考本丛书第三册第八章），比如逻辑回归、支持向量机、多层感知机等都可以用来解决分类问题。

> **5.1** 你认为人脸识别能应用在生活中的哪些地方呢？

三、 图像风格迁移

最近博物馆在展出梵高的画作。小黄很喜欢绘画，非常喜欢梵高画作的风格，于是他买了票去看画展。看完画展，小黄一直沉醉在梵高的画作中。看着回家路上的美丽风景，他不禁想：如果梵高看到我眼前的风景，他会怎样画下来呢？小黄思考的问题，在计算机视觉中叫作"图像风格迁移"。

梵高风景画作

在本章的第一小节"计算机视觉概述"中已经提到，图像风格迁移有两种：迁移某一张图像的风格，或者迁移某一类图像的风格。前者需要适应于不同的风格图片，一般算法运行时间较长，而且容易出现图片A的风格与图片B的内容不相搭配的问题。而小黄所思考的图像风格迁移的目标是将某一类图像的"风格"迁移到图像B上，同时保留图像B的内容，如下图所示。这种技术常用于手机拍照应用中对拍摄到的照片进行处理，如将一张照片变换成一张夏天风格的照片，或者变换成一张动漫风格的图片，又或者变换成一张类似梵高画作的图片。

图像风格迁移示意

图像风格迁移是找到两种数据集合（一个由图像B构成的数据集合，如拍摄到的风景照的数据集合；一个由图像A构成的数据集合，如梵高风景画作的数据集合）中能反映两个数据集合之间的映射关系的模型。该模型的输入是一张风景照片，输出是一张保留了风景照内容的梵高风格风景画，实现从风景照片到梵高风景画的转换。人工智能可利用深层神经网络在解决图像问题上的有效性，使用深层神经网络来建模这样一个映射关系。

首先，对数据进行分析。现有一个风景照片数据集合，一个梵高风景画作数据集合。如下页图所示，如果每一张风景照片 Xn，都有一张对应的具有相同内容的梵高风景画 Yn，那么两个数据集合之间就存在一个既定的映射关系。这就好比标准答案，模型可以根据这个标准答案来判断当输入一张新的风景照，应该输出一张怎样的保留了内容的梵高风格风景画。像这样需要根据标准答案来进行学习的人工智能方法叫监督学习。

实际上，风景照片与梵高风景画作之间并不能一一对应。首先，画家梵高已经不在人世，没有办法再绘制与风景照片内容一致的画作；其次，梵高风景画作中的场景距今已有一百多年，现在很难找到与梵高风景画内容一致的风景照片。因此，监督学习的方法并不适用。

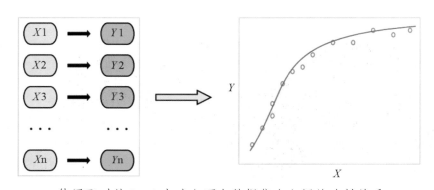

使用配对的 (x, y) 来建立两个数据集合之间的映射关系

现在图像风格迁移采用两个重要的算法：生成对抗网络和图像重构。

1. 生成对抗网络

生成对抗网络是一种无监督学习。

生成对抗网络中有两个深层神经网络——"生成器"与"判别器"。生成器就好比用来建模风景照片数据集合与梵高风景画数据集合之间映射关系的深层神经网络，判别器的作用是与生成器网络进行对抗，从而训练生成器生成对应的梵高风景画。

具体来说，如下图所示，生成器的目标是将输入的风景照片转换成梵高风景画作，判别器的目标是对于输入的一张图片，判断它是属于真实的梵高风景画，还是属于生成器生成的图片，并输出图片属于真实的梵高风景画的概率。在模型的训练过程中，判别器被训练尽可能准确地判断出图片的真实程度，以区分出真实的梵高风景画与生成器生成的图片；生成器被训练成能生成尽可能逼真的梵高风景画，使得判别器分辨不出来。生成器与判别器交替训练，最终生成器学习到生成真实的梵高风景画。

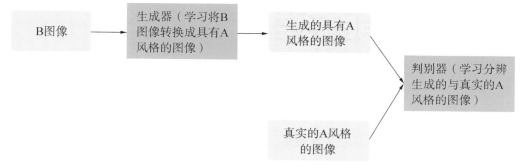

生成对抗网络

2. 图像重构

生成对抗网络已可实现将一张风景照片生成一张梵高风景画作了。但是在图像风格迁移中，还需要确保输出的图像保留原图像中的内容。

为了使得输出的图像保留原图像中的内容，如下图所示，可训练两个方向的生成器：一个从风景照片生成梵高风景画作，另一个从梵高风景画作生成风景照片，并确保一张风景照片通过第一个生成器生成一张梵高风景画之后，还能通过另外一个生成器，可以重构回原图像。

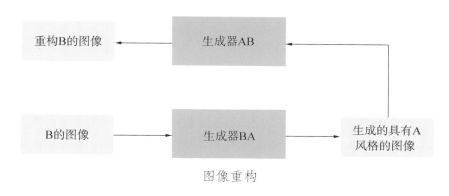

图像重构

这样，为了使得通过生成的梵高风景画作可以重构回原来的风景照片，生成的梵高风景画作中会保留足够的原始风景照片的信息。再结合网络结构的选择，原始风景画中的内容就能够被保留下来。

至此，一个把风景照片转换成梵高风格风景画作的算法就实现了。

四、本章小结

本章讲解了计算机视觉的相关内容。第一节通过与人类的视觉感知系统进行类比，阐述了计算机视觉系统的构成。第二节列举了四个常见的计算机视觉任务的目标，包括物体检测、图像分割、图像风格迁移、人体姿态检测。第三、四节分别介绍了"人脸识别""图像风格迁移"这两个计算机视觉应用的具体原理。

第六章 智能语音技术

小智发现如今生活中用到的许多电子产品与智能终端都具备了直接与人进行沟通的能力，他很好奇人与机器之间的自然沟通是如何实现的。从方便快捷的语音输入到地图App的语音导航、再到帮助人们处理各种事务的智能助理，这些产品的背后都有智能语音技术的支持。本章我们将了解智能语音技术及相关基础技术概念。

智能语音技术

一、智能语音技术概述

智能语音技术是从20世纪50年代开始发展的一门人工智能技术，它以语音识别技术为开端，其中结合应用了自然语言理解与生成、声学及语言学的技术等。近年来智能语音技术不断发展，已经能为人们与机器进行沟通提供非常便捷的手段。

如今，语音交互已经成为最具前景的人机交互方式。由于人类最为自然且富含信息的交流方式是通过对话的交流，所以在人工智能领域，语音交互天然地具备其他人机交互方式不可比拟的便捷性。

智能语音技术主要包含语音识别和语音合成两个方面，前者负责让机器"听见"人们说了什么，后者负责让机器和人们"说话"。以智能助理为例，机器先通过语音识别技术将人们说的话识别成文字，利用自然语言处理技术理解文字并生成回复，再利用语音合成技术将回复转换成语音"说"出来。智能语音技术的任务有如下一些例子。

（一）语音识别

语音识别（Automatic Speech Recognition）是指将人声转换成文本的技术，在语音输入、字幕生成、语音鉴别、导航系统等应用领域，以及作为语音助理、同声翻译等的重要技术组成部分被广泛使用。如语音搜索就是语音识别的一个应用。

语音搜索

（二）语音合成

语音合成通常又称文语转换（Text To Speech，TTS），它是一种可以将任意输入文本转换成相应语音的技术，是人机语音交互中不可或缺的模块之一。语音合成技术在生活中有着广泛的应用。例如，当人们和Siri、微软小冰等智能助理交流时，语音合成技术能让她们和人们"说话"。另外，一些电子书App的朗读功能以及语音导航，也都是通过语音合成技术实现的。

语音导航　　　　　　　　　　电子书App的朗读功能

（三）乐曲检索

乐曲检索是一种根据输入的音乐片段，在曲库中检索与输入片段相近的乐曲并返回给用户的技术。一些常见的音乐App就使用了这项技术，用户既能用App识别周围环境中正在播放的乐曲，也能用App识别自己或他人哼唱出来的歌曲。

App中的乐曲检索功能

二、语音识别

一天，小智要去上海虹桥机场接一位国际友人，但他不知道怎样去，于是他打开手机中的智能助理，说道："怎样去上海虹桥机场？"很快手机上就显示出去机场的路线规划。那么，智能手机是如何将这段语音识别为对应文字的呢？

智能手机中的语音识别

下面将以小智通过智能助理获得导航为例了解这一过程的原理。首先，请想一想，下面这幅图中，右侧蓝色的波形应当对应左侧的哪一个单词？

语音识别中的模板匹配

正确答案是"Yes"。将待识别波形（右侧）与"Yes"和"No"的波形（左侧）进行比较，即可以观察出其与"Yes"的相似度更高。对于语音识别技术而言，它的基本原理与流程也是类似的。下面将通过一种经典的语音识别的系统架构来了解语音识别系统的工作流程。

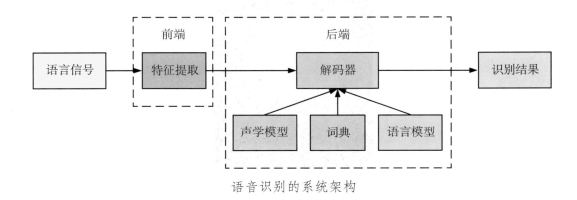

语音识别的系统架构

如上图所示，这一框架分为前端和后端两个部分，将语音信号识别为对应语言的文字输出。其中，前端负责了语音信号的特征提取，得到语音特征序列；后端则负责凭借声学模型及语言模型等从特征序列中识别出相应的文字。

　　例如，当小智打开智能助理，说出"怎样去上海虹桥机场"时，首先，手机的麦克风（即硬件设备）收集语音信号，将其转化为声音的波形信号，之后还会用一些信号处理技术对声音波形进行静音切除（去掉首尾端的静音）等操作，以降低声音波形中的噪声对识别的干扰。

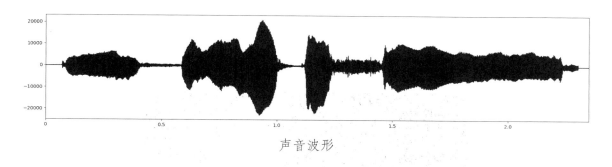

声音波形

　　然后，设备对声音进行分帧，即把如上图所示的声音波形按照一定的时间长度切分成许多小段，每一个小段称为一帧。之后，前端系统对每一帧进行变换和特征提取，使得每一帧所包含的信息变得更加紧凑，对于后续的识别来说更为明显。经过这一步，每一帧变成了一个固定长度的向量——特征矩阵，如下图所示。

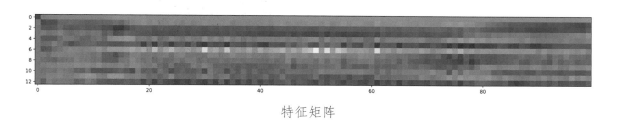

特征矩阵

　　那么，一个个特征矩阵又是如何转化为文本的呢？后端系统首先将连续的若干帧识别为一个个状态，再将状态组合为音素，而后将音素组合为单词（字）。这里的音素是指一个发音单位，在汉语中可以是全部声母和韵母中的一个，或者是其他分类标准下的一个语音单位。而状态则可以理解为比音素更为细致的语音单位。声学模型需要做的是将整个特征矩阵转化为对应的发音序列，更准确地说，是转化为概率最大的发音序列。在本例中就是"z en y ang q u sh ang h ai h ong q i ao j i ch ang"。

　　接下来，词典和语言模型将发音序列转化为文字输出。词典起到的作用是将文字拆分成若干个发音单元。那么，为什么智能助理能准确地将"sh ang h ai"识别为"上海"而非"伤害"呢？这归功于语言模型，它会考虑一段文本中若干个连续的单词（字）一起出现的概率。经过语言模型的分析，在给定上下文的条件下，"怎样去上海虹桥机场"比"怎样去伤害虹桥机场"更为合理或者说是概率更大的组合。这样，经过整个语音识别的系统架构，语音就被转化为了文字，根据之后的应用等待下一步的处理。

在生活中语音识别技术有许多应用场景。

■ 智能音箱：在音箱设备上加入智能语音交互技术，实现人与智能家居之间的日常交互。

■ 智能客服：基于智能语音技术为企业与海量用户之间的沟通建立的一种解决方案，可代替人类客服智能化地为用户解决基础的需求。

■ 智能助理：通过在手机、个人计算机等设备上嵌入基于智能语音交互技术的系统应用，方便用于通过对话的方式直接对这些设备发出指令。如下图为某些系统中的智能助理。

■ 字幕生成：利用语音识别技术对音频文件进行分析，自动甚至是实时地生成字幕。

■ 语音输入法：利用语音识别技术来构建语音输入方式，方便人与机器以及人与人之间的交互。

智能助理

但是，直到今天，语音识别仍有许多的问题亟待解决：

■ 远场识别（语音信号源与接收设备距离较远时的语音识别）条件下，如何降低噪声、回声的干扰，实现目标语音信号增强？

■ 如何利用模型使用过程中收集到的新数据，使模型自适应地作相应调整，以快速地迁移到新的说话者？

■ 如何加入云端应用的配合，提高识别的准确性，使识别出的文字更加合理？

■ 如何联合优化前后端，减少前端在做信号处理时的信息丢失？

思考与实践

    6.1 语音识别的解码过程是如何区别同音词的？

6.2 当说话者为两个或两个以上的群体时，语音识别会遇到什么问题？该如何解决？

6.3 体验讯飞在线语音听写，大胆提出可能的改进方案。

三、语音合成

在导航软件规划好到虹桥机场的路线后，小智像往常一样点击"开始导航"。听着已经听过无数次的女声语音，他忽然感到有些厌烦，于是他轻点几下手机屏幕，切换到了"明星语音"界面。

小智试了几种语音，感觉都像是明星正在为自己导航。他很好奇，明星们是如何为数以万计的用户导航的？这就涉及语音合成技术了。

语音合成是怎样实现的？不妨先思考人看到一段文字并把它读出来的过程。例如下面这个句子：

"李智前不久去参加了普通话水平测试。"

在我们看到这个句子之后很短的时间内，大脑已经给出了一系列信息，例如"前不久"和"去"之间应该有一个微小的停顿，"了"在这句话中应该读"le"而不是"liǎo"。在传统语音合成系统中，这部分工作由前端模块完成。

导航软件中的明星语音

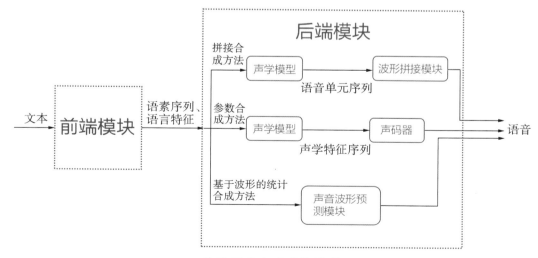

传统语音合成系统流程

如上图所示，传统语音合成系统由前端模块和后端模块组成。前端模块负责提取输入文本的语言特征，例如将文本分句、分词，标注单词词性，预测韵律短语的边界，判断多音字的读音。除此之外，它还负责将文本转换成音素序列。

在前端模块提取出音素序列和语言特征后，由后端模块将这些信息转化为语音波形。现阶段后端模块使用的主流方法有拼接合成方法、参数合成方法、基于波形的统计合成方法。

（一）拼接合成方法

几种方法中，拼接合成方法是最容易理解的。如下图所示，系统事先将真人语音分解为一个个语音单元保存在语音库中。在合成语音时，后端模块将待合成文本分解成一个个文本单元。对每个文本单元，从语音库中选择一个最合适的语音单元，得到最优单元序列，再经过波形拼接和处理生成语音。由于直接利用了真人的录音片段，拼接合成方法合成的语音音质较好，听起来比较自然。但为了使语音库涵盖尽可能多的内容，它所需要的语音片段数据量非常庞大，因此，语音库的录制成本比较高。而且在合成语音库没有覆盖到的文本时，合成效果并不好。

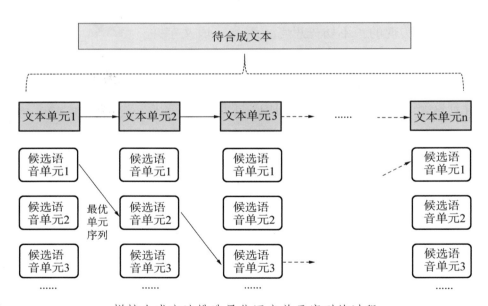

拼接合成方法挑选最优语音单元序列的过程

（二）参数合成方法

能否不依赖于拼接而直接生成语音波形呢？参数合成方法就是这样的。该方法分为两步，首先，由声学模型将前端提取的信息转化为声学特征序列，其中会包含声音信号中的一些关键信息。然后，根据这些关键信息生成声音波形。这一步要用到声码器，它是仿照人的发声原理设计的。

人是怎样发出声音的

在人的颈部内有一种产生声音的结构，叫做喉。喉的内部有一个空腔，空腔中部连着两块能够振动发声的肌肉，这就是我们常说的声带。在两根声带中间有一条裂缝，叫做声门。人在平时呼吸时，声门是半开的，两根声带互相分离，处于松弛的状态，空气从两块肌肉间较大的空隙中通过，所以，呼吸的声音非常轻。而当人准备发出声音时，松弛的声带被喉部的肌肉上下拉紧，相互靠拢，声门变得又细又长，只留下一道窄小的缝隙。之后，肺部产生的气流会迅速地冲向声带并试图从这条细缝中穿过，带动声带振动。声带的振动又会使附近的空气介质振动形成疏密波，即声波。这些声波会在经过咽、口腔、鼻腔及鼻窦等共鸣器时产生共鸣而放大音量，之后再受嘴唇、牙齿及舌头等器官影响，被修正成语音。

一般来说，声码器由源激励部分和声道谐振部分构成。如果与人的发声过程进行类比，源激励部分对应的是肺部气流对声门的冲击，声道谐振部分对应的是从声带振动产生声波到声波被修正成语音这段过程。

参数合成方法的优点是需要的录音语料较少。同样是合成一套定制化语音包，拼接合成方法需要对录音者进行长达几十个小时以上的录音采集，而参数合成方法仅需10个小时左右。但参数合成方法合成语音的音质不如拼接合成方法合成的语音，听上去比较沉闷，而且有机械感。其原因有声码器还原声音细节的能力不够，构建声学模型时所采用的理论假设削弱了声学模型的表达能力等。

（三）基于波形的统计合成方法

为了解决参数合成方法合成音质不自然的问题，基于波形的统计合成方法应运而生。这种方法直接利用前端模块给出的信息预测声音波形，避免了声学模型的理论假设带来的声音细节损失。这种方法的代表性工作是DeepMind公司2016年公布的WaveNet，它利用卷积神经网络生成各个时刻的语音在声音波形上对应的点。采用平均意见分法（Mean Opinion Score，MOS）比较各种语音合成方法合成的声音样本质量，即测试时向测试人员提供各种语音合成方法合成的声音样本，由测试人员以5分制评价样本的自然度（1：很差，2：较差，3：一般，4：好，5：优秀）。结果如下图所示，WaveNet合成的声音样本明显优于拼接合成方法和参数合成方法合成的样本。WaveNet的改进版本——WaveNet2，已经被应用到生成美式英语和日语的谷歌助手语音中。

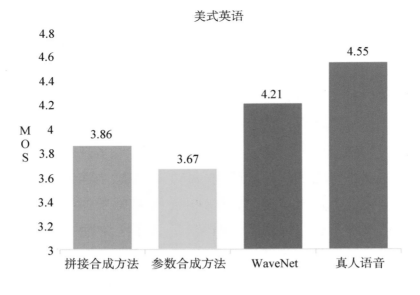

美式英语

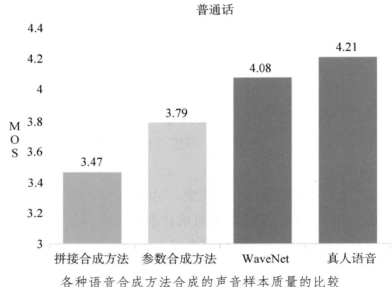

普通话

各种语音合成方法合成的声音样本质量的比较

上述的语音合成系统都由多个不同模块组成，而各个模块的训练一般是独立进行的，即训练时只能让每个模块分别把自己的事情做好，而不让它们互相取长补短。此外，每个模块的训练目标又与系统整体的训练目标有偏差，因此，这样训练的系统往往达不到最佳性能。为了解决这一问题，2017年，谷歌公司提出了Tacotron模型，它可以由文本和这段文本对应的语音组成的(文本—语音)数据对，直接学习文本到语音之间的映射关系。大家可以上网试听Tacotron系统合成的语音[1]。

通过上述的学习，相信大家对语音合成技术的整体框架已经有了初步的了解，但如果想实现明星语音导航，还有一项资源是必不可少的，那就是明星的原声录音。录制的语句包括一些常见的导航提示语句和一些覆盖到常见的中文发音的句子。录好的原声经过处理即可得到明星的音库，之后就可以利用音库训练模型学习明星的语音了。除了地图导航，这种定制

1　https://google.github.io/tacotron/publications/tacotron/index.html

化语音技术还能被应用到其他领域。在中央电视台2018年推出的纪录片《创新中国》中，制作团队就是利用这种技术"复活"了已故著名配音艺术家李易老师的声音。

思考与实践

6.4 利用讯飞留声实现模拟自己的声音播报两会新闻，比较模拟配音和个人原声的差异。

6.5 技术是把双刃剑，在感受到合成语音的逼真性之后，不妨思考一下，语音合成技术可能有哪些有益和有害的应用？对于潜在的有害应用，有没有什么应对方法？

四、 本章小结

智能语音技术是结合了自然语言理解及生成、声学、语言学基础技术，涵盖语音识别与语音合成两大方面的一项人工智能技术。在这一章，我们首先认识了智能语音技术的发展背景与基本概念，然后了解了语音识别、语音合成、乐曲检索等语音技术的一些实际应用场景，之后详细学习了语音识别与语音合成的技术原理。

第七章　自然语言处理

小明经常上网利用搜索引擎查阅资料。搜索引擎如何能够在极短的时间根据人们的查询请求返回大量搜索结果？小明十分好奇这背后的技术，于是搜索了"搜索引擎智能技术"。在查看了多个搜索结果后，小明发现自然语言处理是搜索引擎重要的基础技术，所以决定对其一探究竟。

本章我们将学习自然语言处理技术。自然语言处理作为人工智能的一个研究分支，其领域包括理解和处理使用自然语言作为描述形式的数据。由于自然语言处理要解决的问题属于人工智能的核心领域，它也被誉为"人工智能皇冠上的明珠"。

搜索引擎

一、自然语言处理概述

计算机系统拥有比人类更强大的计算能力，能够高效地处理大量的任务。然而计算机使用的语言与人类语言之间存在着巨大的差异，计算机往往无法直接处理包含人类语言的数据。自然语言处理的应用则让使用计算机处理各种包含文本信息的任务成为了可能，大幅提高了文本相关工作的效率。例如，利用搜索引擎获得的相关结果数往往都在千万的数量级，且从用户点击搜索到结果返回用时一般都不到1秒钟。倘若在图书馆查找纸质资料，即使书的总量少于千万级别，所需的时间也远超过1秒钟。

自然语言处理涉及多种与自然语言相关的任务。自然语言处理任务主要分为两种类型：

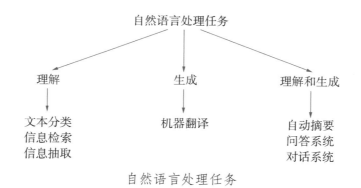

自然语言处理任务

理解和生成。自然语言理解任务包括文本分类、信息检索、信息抽取，自然语言生成任务包括机器翻译，部分任务同时涉及理解和生成，如自动摘要、问答系统、对话系统。上页图展示了自然语言处理任务的分类。

（一）文本分类

文本分类是指根据分类标准将文本分为不同的类型。针对不同的目的，文本分类有不同的分类标准。例如，大多数电子邮件系统都具有垃圾邮件过滤功能，它们会对收到的邮件进行识别，一些疑似广告推送的邮件被自动地放入垃圾邮件分类中。又如，在互联网上有大量用户对某一事件或商品的评论，根据评论表达情感的不同，文本可以被分为褒义、中性或者贬义。通过大规模地分析评论可以获得大众的观点倾向。

垃圾邮件过滤

（二）信息检索

信息检索是指在大量文本数据中找到符合要求的信息。信息检索最常见的应用是搜索引擎。搜索引擎会比较用户输入的查询请求与其数据库中存储的数据，返回与查询请求匹配度较高的数据，并根据匹配度从高到低排列。

搜索引擎的返回结果

（三）机器翻译

机器翻译是指利用程序进行不同语言之间的自动转换。例如，在出国旅行时，人们一般会在手机中安装好翻译软件来帮助自己理解和传递信息，以便更好地融入当地人的生活，提升游玩的体验。又如，在国外的网站上浏览信息或者购买商品时，网页的自动翻译能使人们顺利地获取信息。

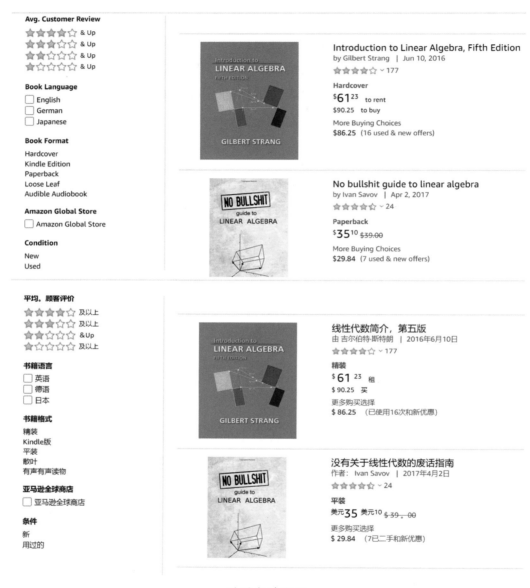

网页自动翻译

（四）对话系统

对话系统是指能够自动地和人类进行交流的计算机程序。如今的聊天机器人就是对话系统的一种实例。此外，生活中的许多应用都涉及了对话系统。例如，一些餐厅预订系统或机票购买系统会根据用户的选择一步步地给出提示来帮助其完成任务。又如，通过拨打电话或者发短信给手机运营商，用户就能够自助地完成查询话费或流量、浏览或更换套餐等事项。

与微信小冰聊天

　　了解了自然语言处理的应用后，小明对其背后的技术愈发感到好奇。以下将对机器翻译和对话系统这两个应用作一些深入的探究。

二、机器翻译

　　国庆期间，小明与家人一起去泰国旅行。泰国当地人一般使用泰语交流，路标、商场的商品标签和餐厅的菜单也多使用泰语。小明不会泰语，担心自己在泰国寸步难行。小明爸爸告诉他："不用担心，有软件可以自动翻译泰语。"

延伸阅读

世界上有多少种语言

　　语言是一套具有传递、储存功能的信息交流系统。人类语言比其他动物的交流系统拥有更复杂的结构，具备更加广泛多元的表达能力，因此语言也被认为是区分人类与其他动物的一个重要特征。世界上的人类语言种类大概在5 000到7 000种，具体数量由具体的语言分类规则决定。德国的《语言学及语言交际工具问题手册》

一书中记载了世界上共有5 651种语言。世界上的语言总数在历史发展进程中会不断变化。随着时间的推移，世界上的语言有的消亡衰落，有的合并成一种统一的语言，有的分裂成多种相近的语言。

小明爸爸所说的自动翻译是由机器翻译技术实现的。机器翻译是使用计算机程序自动将一种自然语言的文本翻译成另一种自然语言的文本。机器翻译有助于促进国际文化知识的交流，在使用不同语言的人群间的信息沟通中起着重要的作用。

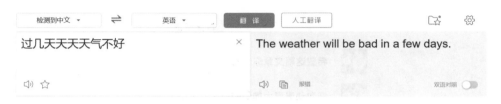

机 器 翻 译

机器翻译是怎么实现的呢？最简单的一种翻译方式是，把句子分割成一个个单元，然后对每个单元进行翻译，接着把翻译得到的词连接在一起，完成句子的翻译。例如，"过几天天天天气不好"这句话按词依次翻译后的结果如下图所示：

句子逐词翻译

虽然通过逐词翻译得到了大致的信息，但是翻译结果并不是一句正确的句子。

从上面的例子可以发现，翻译不仅仅是靠翻译每一个词就能完成的，还需要对语言进行组织，以便生成一句通顺的语句。因为不同语句的组织方式各不相同，所以由人直接指定复杂的组织规则不是一种实际的做法。而机器翻译技术会自动对语言进行组织，简化了翻译流程。机器翻译的过程包括将输入文本转换成数值化表示、对文本整体信息进行分析整理、计算出对应的翻译结果这三个步骤。

机器翻译的过程

（一） 将文本数值化表示

人工智能系统在将一种自然语言翻译成另一种自然语言的过程中会进行一系列的数值计算，而自然语言一般是无法直接进行计算的，所以需要先将自然语言转换成用数值表示的形式。输入文本中的每一个词被表示成相同长度的数值串，相同的词用同一个数值串表示。

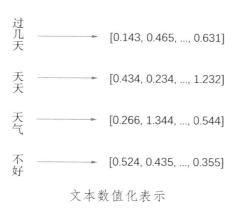

文本数值化表示

（二） 分析整理文本信息

虽然输入文本中的每一个词用数值串表示后，已可以进行数值计算，但是将文本中的每一个词分别进行表示转换，并不能良好地表达句子整体的意思。文本中的词之间有先后顺序关系，而不是一个无序的集合。因此，需要通过一个分析整理模块，把输入文本的整体信息和各个词的信息结合起来，形成输入文本的整体表示。这样，对于不同的输入文本可以得到一组不同的数值。

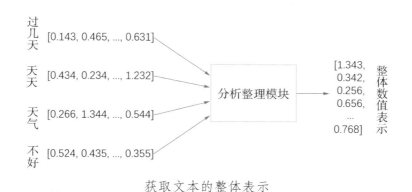

获取文本的整体表示

（三） 计算翻译结果

获得了输入文本的整体数值表示后，便可以逐步计算、生成翻译。每次根据输入的整体数值信息和已经生成的语句片段给每一个候选词计算分数，然后根据分数决定下一个最可能的词是哪一个。当生成的文本到达一定的长度或者生成了一个表示结束的词时，翻译就完成了。

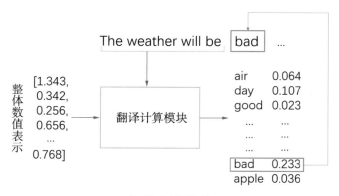

The weather will be [bad] ...

整体数值表示 [1.343, 0.342, 0.256, 0.656, ... 0.768]

翻译计算模块

air	0.064
day	0.107
good	0.023
...	...
...	...
...	...
bad	0.233
apple	0.036

计算翻译结果

语音翻译

机器翻译技术给小明一家人的泰国之行带来了极大的便利。

经过几个小时的航行，小明一家抵达了泰国。下飞机之后，在乘坐出租车前往旅馆的路上，小明爸爸想向司机询问当地有哪些不错的景点和餐厅。而行车途中，司机不方便用手机打字，只能说话交流。于是小明爸爸打开翻译软件，按下语音翻译键，让翻译软件直接翻译语音。

在日常的面对面交流中，直接说话交流往往会比用文字交流更高效、便捷。将翻译系统应用于这种场景，要求翻译系统能够把语音还原成对应的文本，即先利用语音识别技术得到对应的文本，然后使用机器翻译技术进行翻译。

泰国有不少特色美食，小明向往很久。可到了餐厅，小明傻眼了，菜单上一行行的泰语自己根本看不懂。小明发现翻译软件里有一个照相机的图标，便点击了该图标，给菜单拍了一张照片，结果翻译软件马上把菜名翻译成了中文。利用拍照翻译功能，小明顺利地点好了菜。

拍照翻译首先利用了计算机视觉中的图像识别技术来提取出照片中的文字，然后利用机器翻译技术对识别出的文字进行翻译。

菜单翻译

从小明一家的旅行经历中，可以发现，机器翻译的输入不一定是文本的形式。特别是在输入外语时，使用者往往不会使用外语的输入法。如果能直接以图片或者语音作为输入，可以大幅简化翻译软件的使用。

思考与实践

7.1 为什么对输入的中文进行数值化表示时不是以每个字为单元，而是以每个词为单元？

7.2 对比百度翻译、谷歌翻译及其他翻译软件翻译唐诗的效果。

三、对话系统

（一）智能助理

爷爷最近到小明家小住，从没用过人工智能产品的他对家中各种新奇的智能家居惊叹不已。亲自体验之后，爷爷觉得人工智能给生活带来了太多便利，问小明："有没有我回家后也能用的？"小明想了想："爷爷可以用智能助理，有台智能手机就可以！"小明给爷爷演示了智能助理的用法，教爷爷查天气、买东西，并给爷爷订好了返程的机票。

智能助理

小明使用的智能助理本质上是一种任务导向型的对话系统。顾名思义，就是根据用户的具体需求引导与用户的对话，最终解决用户实际问题的系统。例如订机票，智能助理需要知道用户出发的日期、时间、城市以及到达的城市。于是它会向用户依次提出问题，得到所需要的信息。那么，如何实现这样一个系统呢？以下将从最简单的方法讲起。

1. 基于模板和规则的对话系统

早期的任务对话系统，主要是基于模板和规则的对话系统，例如人工智能标记语言(Artificial Intelligence Markup Language，AIML)。AIML 中的类别(category)构成了知识的基本单元。每个类别包含两个元素：模式(pattern)和模板(template)。模式用于匹配用户说的话，模板根据用户的输入返回需要的答案。以下是两个简单的模板：

```
<aiml>
    <category>
        <pattern>你好</pattern>
        <template>
            嗨，好久不见
        </template>
    </category>

    <category>
        <pattern>你是谁</pattern>
        <template>
            我是小智
        </template>
    </category>
</aiml>
```

它们的效果是：

```
用户：你好
机器：嗨，好久不见
用户：你是谁
机器：我是小智
```

2. 基于问答数据库的对话系统

虽然上面这种通过海量规则匹配的方法准确率高，但是人的语言是千变万化的，规则不可能覆盖到所有的句式，越来越多的规则很可能出现相互矛盾。

既然严格匹配的方法出现了各种各样的问题，于是科学家们想到，能否把条件放宽，不需要一模一样，只要求找到相似或相近的问题和对应的答案。这可以通过维护一个庞大的问答数据库实现。对用户的问题，机器先计算句子之间的相似度，然后寻找数据库中已有的最相近的问题来给出对应的答案。在这种方案中，计算相似度的算法将会对最终结果产生很大的影响。

那么，应该怎样计算句子的相似度呢？这就涉及自然语言理解的问题。人类的语言虽然灵活，但总的来说还是有规律可寻的，例如词组、语法等。把这些基础的规则教给机器，让机器根据语法对语义作出分析，例如问题的类型，代名词指代哪些词语，哪些是人名、地名、专有名词等。

IBM（国际商业机器股份有限公司）在2011年实现了这样一个能初步理解问题的问答系统Watson。它是第一个在美国智力竞技节目"Jeopardy！"上战胜人类选手的机器系统。

Watson 在 Jeopardy 节目中获胜

如下图所示，Waston 会先进行问题的语法、语义分析，然后从这些问题中提取包含有效信息的关键词，并在网上和本地数据库中利用关键词进行搜索。接着，它会将搜索得到的文章进行排序，从排名较高的文章中联系上下文搜索可能是答案的关键词。最后，它将这些关键词组成答案，并对答案进行排序，显示最后的答案。

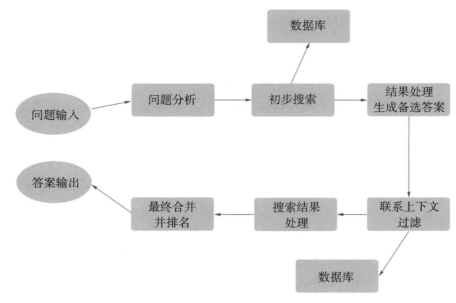

Waston 基本框架

Waston虽然引起了很大的轰动，但它离小明所用的智能助理还有一段距离。Waston更像一个较为智能的搜索引擎，搜索之后整合知识，并用自然语言表达出来。它无法像智能助理那样进行动作，如打开网页、拨打电话。另外，它还有一个明显的缺点，它是回合制的，一次只能处理一个问题，无法联系上下文进行真正的对话。

3. 现在广泛使用的智能助理

随着智能手机的发展，各个公司推出了以手机设备为平台的真正意义上的对话系统——智能助理。用户可以使用自然的对话与手机上的智能助理进行交互，完成搜索数据、查询天气、设置手机日历、设置闹钟等许多服务。早期智能手机上的智能助理只能完成一个回合的对话，当用户说完："找附近的餐馆"，如果接着提问："这些餐馆里面是否有意大利餐馆？"这时，助理就不知道"这些"指代的是那些返回的"附近的餐馆"。现今的智能助理更新了对话管理系统，记录用户之前的对话内容，学会了更好地处理多轮对话。

下图展示了智能手机上的个人助理的基本模块。当前主流的智能助理架构均与之类似，

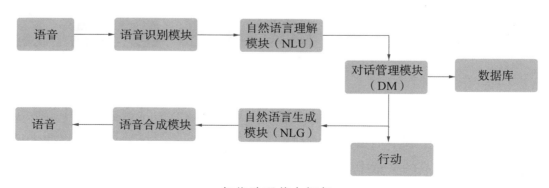

智能助理基本框架

主要分为三个部分：处理用户当前问题的自然语言理解模块、对整个对话进行维护和解析的对话管理模块、向用户进行反馈的自然语言生成模块[1]。

自然语言理解（Natural Language Understanding, NLU）模块，主要是在得到用户的语音识别结果后，在词级别找出用户问题中的关键字，进行"实体槽"填充；并将用户问题在句子级别进行分类，把话语分为一个预先定义好的意图。如下图展示了一个自然语言表示的例子，其中"附近的"是指定地区范围，在这里，NLU模块会从用户说的话中提取关键字，填入预先定义好的"实体槽"中。再如，用户说"我想去北京"，NLU模块会识别出"北京"这一地址，并将语句意图分类为"订车票或者订机票"。从自然语言处理和机器学习的角度，可以把实体槽填充看成命名实体识别问题，并把意图识别看成文本分类问题。

实体槽填充示例

句　子	显　示	附　近　的	餐　馆
槽		地区范围	名词实体
意　图		找　餐　厅	
领　域		订　单	

提取了用户意图和关键信息后，就需要用对话管理模块进行数据查询和数据补全。对话管理（Dialogue Management, DM）模块的主要任务是管理整个对话流程。简单地说，就是解析上下文，进行阅读理解。DM模块会储存和维护当前对话的状态、历史对话记录、历史行为记录等。通过解析存储的信息，判断用户提供的信息是否足够，能否进行数据库查询或者开始对应的任务操作。如果用户提供的信息不全或者有歧义，DM模块就会主动发起问题，不断引导用户提供更充分的信息。

当DM模块判断全部信息都已经得到后，就会触发行动。例如，根据用户提供的信息去数据库中查询用户需要的资料，为用户提供购买链接，为用户拨打电话，为用户打开台灯。

为了让智能助理的操作能够被人所理解，就需要用到自然语言生成（Natural Language Generation, NLG）模块。NLG模块根据DM模块所提供的信息，生成具有可读性的语言。这些语言包括给用户的提问、对系统当前操作的说明、返回查询结果等。传统的自然语言生成方法大部分是基于规则的模板填充，类似于实体槽提取的反向操作，将DM模块提供的信息嵌入到预先设定好的模板中生成回复。现在采用深度学习方法，能更为灵活地生成回复。

1　参考 https://www.kdd.org/exploration_files/19-2-Article3.pdf

刚才的订机票任务可以解析为：

用户：订机票

NLU意图识别：订机票

DM对话管理：缺少出发地，缺少目的地，缺少出发时间

NLG语言生成：请问您从哪个城市出发？

用户：上海

NLU实体识别：出发地点———上海

DM对话管理：缺少目的地，缺少出发时间

NLG语言生成：请问您要去哪里？

……

跳转到机票购买界面

（二）聊天机器人

虽然智能助理给小明的生活带来了极大的便利，但是小明觉得它和科幻电影里的相比仍有差距：这个助理说话冷冰冰的，语气生硬，不像是一个真正的人在说话。

好奇的小明想知道现在究竟有没有能以假乱真的聊天机器人，同学小天向他介绍了微信中的一个聊天机器人——微软小冰。

聊天机器人对话示例

机智的小冰会主动抛出话题，吸引用户参与对话；会识别用户的情感，发送表情包逗人开心；还能根据用户的不同年龄、性别、语言、说话风格生成个性化的回复，就像朋友一样。

小冰与智能助理不同，它是一种聊天机器人，其主要目的不是完成任务，而是满足用户的情感需求。因此，它需要把握用户心理，展现足够的情商。

1. 早期的聊天机器人

最早的聊天机器人诞生于1966年，她叫Eliza，最开始的角色是一名心理学家，践行一种人本主义疗法。人本主义疗法希望对求助者创造无条件的支持和鼓励，使得求助者能够发现自己的问题。这种疗法重点关注求助者本身，Eliza只是做一名陪伴者，不会被问到涉及自身的问题，任务比较简单。下图展示了一个与Eliza对话的例子。

最早的聊天机器人Eliza聊天示例

Eliza的实现非常巧妙，它会在对方的言语中进行关键词扫描，为其中的某些"关键词"匹配上合适的"对应词"，然后将其返回给谈话人。例如，你说"很烦闷"，它就说"很难过"；你说"我想哭"，它就问"为什么想哭"。关键词按照日常使用中的频率被划分为不同的等级。Eliza会逐一在自己的脚本库里检索，看是否有对这个词的说明。如果这是一句完全陌生的话，它就作出通用的回答，例如"你具体指的是什么""这很有意思，请继续说"，用诸如此类的话来引导对方，直到出现新的它能看懂的句子。

从技术上看，Eliza与人的对话并不是基于句子理解的基础上进行的，只是设计者分析人类对话后采取的投机取巧的应对方式。

2. 现今的聊天机器人

现今的聊天机器人为了获取用户的信任，会处理更复杂的用户信息。以小冰为例，一个典型的聊天机器人的基本架构如下：

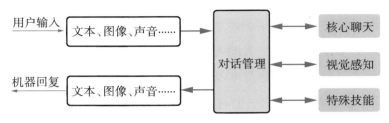

聊天机器人的基本架构[1]

首先，该系统有一个接口，用来接收用户的文字、图像和声音输入，并将不同输入分配给对应的处理模块，如核心聊天模块或视觉感知模块。然后，该系统的中央控制器（即对话管理模块），负责跟踪全局状态，决定对话策略。

核心聊天是聊天机器人的核心模块，它的任务是接收用户的文本输入，然后生成一个文本响应作为输出。它给聊天机器人提供了交流对话能力。

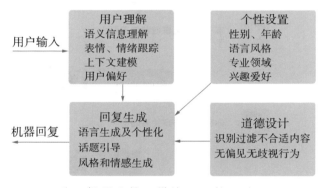

聊天机器人核心模块——核心聊天

如上图所示，首先，用户输入的文字会进入用户理解模块，该模块会将用户语言转换成机器所能理解的数据形式。它会试图理解用户意图，检测输入文字所反映的用户情绪。在通常情况下，为了理解当前的消息，它会提取当前对话的上下文语境信息。为了更好地理解用户的意图和情绪，聊天机器人会为每位用户创建一个档案，其中保存了每位用户的年龄、性别、背景、兴趣爱好等基本信息。这个用户档案还会追踪情绪状态等特定的动态信息，并保持更新。

然后，经过处理的信息会被发送给回复生成模块。回复语言的生成方法包括两种：基于检索的方法或基于生成的方法。

基于检索的方法首先需要从社交网络中收集人类真正的对话，然后根据"消息—响应"

1　参考 https://arxiv.org/pdf/1812.08989vl.pdf

对数据库构建一个聊天索引。在运行时，用户输入的消息会被当作一条查询进行处理，用类似网络搜索中的信息检索模块来搜索聊天索引中的相似消息，返回它们对应的人类回复。

随着深度学习的发展，近年来出现了各种基于生成的方法。这种方法使用神经网络模型，先把用户的消息转换成一串数值，称为它们的表征向量；然后，这串数值会被送进一个神经网络，类似前文中的机器翻译过程，该神经网络会一个个地生成词语作为回复。同时，也可以把用户的意图、情感和情绪等其他辅助信息编码成数字送进解码器。最后，根据候选回复与用户档案中的兴趣匹配程度，选出最合适的一个。

在对话过程中，聊天机器人会考虑各种情况，通过回复引导用户，将对话引向积极的主题，而不是让对话主题随机转向或完全被用户控制。

视觉感知模块主要是结合深度学习在视觉方面的应用对用户发送的图片进行处理；而特殊技能则是对智能助理技术的整合，这里均不作展开。

思考与实践

7.3 体验微软小冰等聊天机器人，发现目前的聊天机器人所存在的缺点。

7.4 当用户说："帮我订一张清明节从上海去北京的机票，如果那天有雾就延后一天"，智能助理的各模块分别会做什么？

四、 本章小结

自然语言处理是计算机科学中理解和处理以自然语言作为描述形式的数据的一门科学。本章我们学习了自然语言处理的相关内容。首先，了解了自然语言处理的概念，简单认识了四种常见的自然语言处理任务，包括文本分类、信息检索、机器翻译和对话系统。然后，详细了解了机器翻译和对话系统这两个自然语言处理应用的基本原理。

第八章　信息检索

一个周末，小智清晨醒来后拿出手机，打开新闻App看了几条主页上推荐给他的社会新闻。他同时打开了音乐App，欣赏首页"每日推荐"栏目里的歌曲，他发现音乐App越来越懂自己的音乐品位了，推荐的歌他都很喜欢。吃完午饭，小智开始做作业，有一道物理题涉及的概念他不是很理解，于是他打开搜索引擎，找到了一个通俗易懂的解释，

很顺利地解开了这道题。完成作业后小智打算犒赏一下自己，他打开手机中的购物App，首页的"猜你喜欢"推荐了许多他爱吃的零食。

小智所用到的这几个互联网应用，有搜索引擎和推荐系统，这些应用都基于信息检索系统（Information Retrieval System）。本章我们将认识信息检索系统及其背后的技术框架。

　　新闻推荐　　　　　　　音乐推荐　　　　　　　搜索引擎　　　　　　　商品推荐

各种信息检索系统

一、信息检索系统概述

　　信息检索系统是包含对信息的收集、处理、存储、分配这一系列功能的人机系统，其本质是通过用户的需求（这里的需求可能是用户明确指出的或根据用户平时的表现推断出的），反馈出相应的内容。例如，当需要了解某个信息时，用搜索引擎搜索关键词，会得到搜索结果的列表；又如，当在新闻App中浏览新闻时，主页会根据我们的个人信息和以往点击过的内容推送一些我们可能会感兴趣的内容。随着互联网技术的发展和普及，网络已成为世界上

最大的信息源，人们获取信息的方式变得简单方便，各种基于网络信息源的应用也应运而生，这使得信息检索系统的效率得到了极大的提高。

互联网上的信息包罗万象，大家都不可能看到所有的信息，这被称作"信息过载"，而从海量的信息中提取出一些对我们有用的信息的过程就是"信息过滤"。信息检索系统能够帮助人们进行信息过滤，生活中最常见的信息检索系统有搜索引擎、推荐系统和计算广告系统。

（一）搜索引擎

搜索引擎是一种信息检索系统，当用户有明确目的时，一般使用搜索引擎，通过搜索关键词把自己感兴趣的内容检索出来。在用户输入关键词后，搜索引擎会在数据库中进行搜寻，找出与用户想要查找的关键词相符合的网页，并按照一定的算法排序，把网页链接按顺序返回给用户。

在搜索引擎中搜索"人工智能"的结果

（二）推荐系统

当用户只是想随便浏览，并没有明确目的时，就需要推荐系统来为用户筛选出一部分内容展示出来。推荐系统是在信息过载和用户目标不明确的条件下，为用户做个性化信息过滤的系统。这里要强调的是"个性化"。由于每个人的兴趣爱好是不一样的，所以推荐系统需要为每个人提供个性化的内容推荐，也就是说每个人看到的推荐内容是不同的。

新闻App推荐阅读的新闻

（三）计算广告

广告收入是很多互联网公司的重要经济来源，有着不可忽视的地位。向什么样的用户投放广告？投放什么广告才能取得更好的收益？这些都是计算广告系统要解决的问题。

二、 推荐系统

在学习与生活中，人们所使用的各种手机应用，包括新闻、音乐、购物等应用，都离不开推荐系统。

（一） 推荐系统的结构

如下图所示，一个完整的推荐系统一般包括以下子模块：存储模块、推荐模块、前端模块、日志模块等。

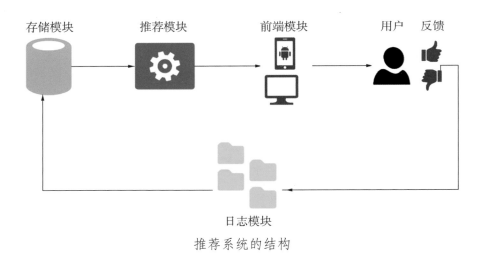

推荐系统的结构

存储模块存储推荐系统中所有用户和商品的基本信息，其中也包括用户的浏览、点击、购买记录等历史行为信息。

存储模块中记录的信息会被推荐模块所使用。推荐模块是一个数学模型，可以把它理解为整个推荐系统的大脑。当外界告诉这个大脑要给某个用户推荐一些商品时，它就会针对这个用户给每件商品计算一个分数，分数越高，意味着推荐系统认为这个用户更有可能喜欢这件商品。推荐模块一般选取分数最高的前 n 个（n=20,30 等）商品作为推荐结果。

通过推荐模块得到的推荐结果会被发送到用户面前的网页或者手机 App 上，也就是面对用户的前端模块，这样，推荐的商品就呈现在用户面前了。

当人们开始浏览并且点击这些推荐结果的时候，人们的行为，也就是用户反馈都被 App 或者网页记录下来，这些数据被发送给日志模块，并且由日志模块保存到存储模块中，这样存储模块中有关用户的数据会得到更新，以便于推荐系统更加了解每个用户，将来进行更加精准的推荐。

当人们打开新闻、音乐或购物等App的首页时，看到的就是上述过程所呈现给人们的结果。一个神奇的事情是，这一切复杂的过程是在人们打开App或者打开网页的一瞬间发生的。

（二）推荐系统的算法

推荐算法大致分为以下三类：基于内容的推荐算法(Content-based Recommendation)、基于协同过滤(Collaborative Filtering, CF)的推荐算法和基于深度学习(Deep Learning, DL)的推荐算法。

1. 基于内容的推荐算法

通过了解一个人曾经看过或者购买过什么商品，可以总结出他的兴趣爱好。每个商品都有一些属性(类型、种类、价格等)，把商品的这些属性与用户的兴趣爱好进行对比，就可以把那些符合用户兴趣爱好的商品推荐给他。例如电影推荐，如果发现某个用户喜欢看《湄公河行动》，也喜欢看《战狼2》，这些电影的"种类"属性都是"动作/战争"，那么可以把同样在"种类"属性为"动作/战争"的《红海行动》推荐给这个用户，如下图所示。总之，基于内容的推荐算法就是考虑对象的本身性质，将对象按标签形成集合，如果用户消费集合中的一个，则向用户推荐集合中的其他对象。

基于内容的推荐算法举例

2. 基于协同过滤的推荐算法

如果由你来给他人做推荐，你会怎么做呢？有一种想法是找到和目标用户相似的其他用户，看看他们都喜欢什么。考虑到相似的用户有相似的爱好，因此可以把相似的其他用户所喜欢的商品推荐给目标用户。如何界定相似用户呢？如下图所示，如果发现用户1和用户2都喜欢图书1，且都不喜欢图书2，那么可以认为用户1和用户2比较相似；而用户2和用户3没有任何相同的喜好，所以三个用户中用户1和用户2为相似用户，可以把用户1所喜欢的图书3推荐给用户2。"协同过滤"中的"协同"，是指通过其他用户或者其他商品的信息来帮助对当前用户或当前商品进行的推荐。通过"协同"来实现信息的"过滤"，这就是协同过滤的基本思路。

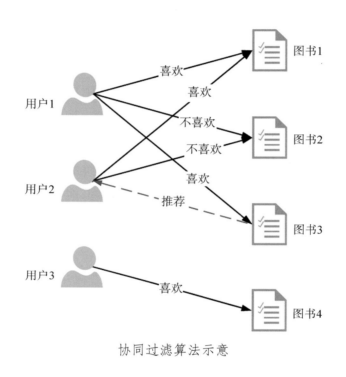

协同过滤算法示意

3. 基于深度学习的推荐算法

深度学习技术利用大量的用户和商品历史数据，通过学习算法构建一个数学模型，对用户和商品间的相关关系进行打分，分数越高则越有可能给用户作推荐。

我们可以用一串计算机能识别的编码表示一个用户或者一个商品。此外，每个用户和商品都有一些特征，如用户的性别、年龄、消费水平、曾经买过的商品等特征，商品的名称、类别、价格等特征，这些人能够看懂的特征也需要被转换成计算机能够理解的表示，这个表示就是一组数，这个过程被称作特征工程。一般情况下，使用独热编码(One-Hot Encoding)来表示用户和商品的特征。

当获得目标用户和目标商品的特征之后，把这些特征输入模型，模型通过计算就可以得出结论：是否应该给目标用户推荐这个目标商品。

基于深度学习的推荐算法的结构如下图所示：

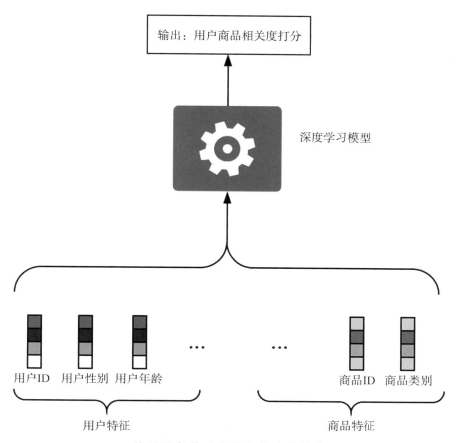

基于深度学习的推荐算法的结构

 延 伸 阅 读

独 热 编 码

　　独热编码是一种把离散特征进行数字化编码的方式。所谓离散特征，就是某个特征的取值是离散的，如"性别"特征只有"男"和"女"两个取值。与离散特征相对的是连续特征，如身高就是一个连续的实数值。如何给离散特征编码呢？例如"性别"特征一共有两个取值，所以可用一组两个数来表示，如果是"男"则表示为[1，0]，如果是"女"则表示为[0，1]。也就是说，某个离散特征一共有多少种取值，就用多少位数字来表示，其中第 n 位的值是 1 则代表这个特征的取值是第 n 种取值，其他位全部为 0。因为在这一组数中只有一个是 1，其余都是 0，也就是只有一个被"激活"，所以被称作"独热"编码（只有一位是"热"的）。

　　当一个用户或商品有多个特征的时候，把每个特征的独热编码直接首尾拼接起来，就得到了用户或商品的数值表示。

8.1 应该如何衡量一个推荐系统的好坏？怎么评价它的推荐结果？

8.2 使用推荐系统时，你有没有什么不好的体验？使用购物 App 时，你有无以下经历：购买了某种商品后，再次使用 App，它会不停地给自己推荐类似的商品。这是为什么？

三、计算广告

小智发现自己在使用互联网应用时，经常能够看到广告的身影。例如，在购物 App 的首页里有些商品的左下角标注着"广告"（见下左图），又如，一些网页上有一些广告位（见下右图）。有些广告的推荐恰好能满足他近期的需求。这些广告的投放所依靠的就是计算广告。

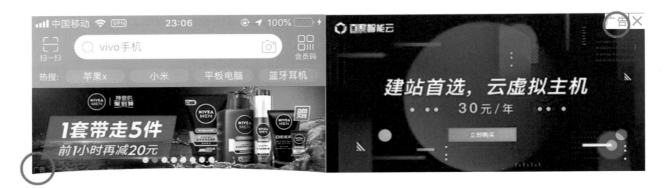

展示广告的实例

在互联网兴起之后，计算广告作为一个公共媒介迅速成为一种重要的营销渠道。计算广告就是在互联网上进行数字化的营销，投放数字化的广告，与传统的广告牌、报纸广告等形成区别，也被称为在线广告(Online Advertising)。

计算广告包括以下几种形式：

■ 赞助搜索广告(Sponsored Search)，它是由广告商出钱购买一些搜索词，当用户在搜索引擎上搜索这些词的时候，该广告商的广告就会在某些位置展示给用户。赞助搜索广告之所以被称为"赞助"，是因为其帮助搜索引擎以免费的形式为广大互联网用户提供高质量的搜索服务，这也是谷歌等搜索引擎公司赖以生存的商业基石。

■ 展示广告(Display Advertising)，它是在网页的一些空白位置出现的广告。广告主出钱购买网页上的广告位来展示自己的广告。上图就是展示广告的两个例子。

为了更精准地投放广告给适当的用户，就需要进行用户和广告匹配的计算。以比较流行的实时竞价展示广告(Real-Time Bidding Display Ads)为例，计算广告系统的基本框架如下图所示：

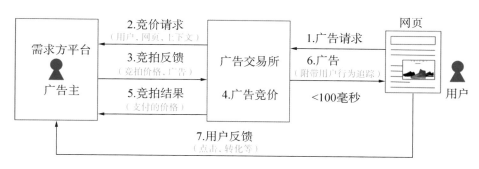

计算广告系统的基本框架

以一个用户打开某个网页为例。当用户打开该网页时，除了有用户请求发送给网站的服务器之外，有关这次网页访问的信息也会发送给广告交易所。广告交易所把竞价请求发送给广告主，广告主根据请求信息进行出价，购买这次广告投放的机会。当某个广告主以最高的出价赢得这次展示机会后，他的广告就会展示给访问网页的这个用户，如显示在网页角落中的某个位置。

需要注意的是，用户请求正常的网页内容和进行以上一系列操作是同步的，这些有关广告的操作不能太慢，因为用户访问网页的加载时间很短，而广告需要和网页的原本内容一起加载出来，一般不超过100毫秒。

广告交易所与需求方平台

广告交易所(Ad Exchange)是一个交易平台，可以理解成广告展示机会的拍卖场所。有名的广告交易所的提供商有谷歌、百度等公司，他们建立这个平台，给广告商提供展示广告的机会。在广告交易所中，广告主们相互竞价，购买向用户展示广告的机会。

需求方平台(Demand Side Platform)是代表广告商进行出价的平台。因为广告展示请求数量庞大(每天有很多人访问一些网站)且需要在非常短的时间内完成竞价等一系列操作，所以这些过程都是通过计算机程序自动执行的。许多广告主自己不会进行这样的开发，或者觉得自行开发太麻烦，就把竞价等操作委托给专门的平台进行，这样的平台就是需求方平台，它代表广告主的利益，负责为广告主以合理的价格赢得适合的流量(广告展示机会)。

各个广告交易所、需求方平台以及提供广告位的网站一起形成了今天人们所接触到的庞大的计算广告生态系统。

四、 本章小结

在这一章中，我们了解了一些常见的信息检索系统，认识了信息过载和信息过滤的概念，还接触了一些在人工智能的其他领域中也被广泛应用的概念，如独热编码、特征工程等。我们详细了解了在日常生活和经济社会中应用得较多的两种信息检索系统——推荐系统和计算广告，学习了它们的原理和架构。

经过本章内容的学习，我们对互联网上的信息检索系统应用有了更加深刻的了解，在后续使用各种互联网应用的过程中，我们将会对本章中的各种知识有更深的认识和体验。

第九章　智能决策

在前面几章中我们已经了解了人工智能的各种应用，但这些场景中所应用的智能算法都只是简单地告诉了我们一个预测的结果，例如一盘菜的价格是多少、某张人脸的照片是不是对应某个人、一段语音里说的是什么。

本章我们将了解人工智能还可以根据判断的结果自动地在环境中进行决策，并且连续地作决策，对环境造成影响。例如在围棋比赛中连续走子取得胜利、汽车自动驾驶时根据实时的路况决定每时每刻的驾驶操作。

一、 智能决策概述

在过去的几十年里，传统手段的智能决策都有赖于精心设计的专家系统。专家系统可以看作是一种基于人类知识构建出推理规则的系统，它的内部含有某个领域内大量人类专家水平的经验与知识，从而使得决策系统能够模拟出通常要由专家来完成的推理决策过程。虽然这种基于规则的智能决策系统可以在某些领域如医疗诊断、设备故障检测等达到专家级的决策水平，但是搭建这类系统需要耗费大量的人力成本去为每一个领域设计一套成熟的规则，并且在很多复杂的环境下很难设计一套通用的决策规则。例如，一局围棋中可能出现的状态数量多达10^{172}，比宇宙中所有原子的数量还要多，因此很难设计一套基于规则的专家系统解决围棋的决策问题。

难以用专家系统解决的围棋决策问题

值得庆幸的是,现在有了深度强化学习这一将强化学习和深度学习相结合的强有力的工具,使得智能体能在许多复杂环境下模拟出类似甚至超越人类专家水平的决策智能。更令人震撼的是,这类智能体的学习不再依赖于人类专家的知识,这就意味着当今智能决策系统的搭建完全有可能不需要专家的参与。进行这一类智能决策的关键思想在于对进行决策的环境建模,然后运用强化学习的方法求解出最优的决策。

现在的智能决策系统都已经在以下领域大显神通了。

（一）医疗临床决策支持系统

医疗人工智能目前是十分有应用前景的人工智能领域,其中的医疗临床决策支持系统被认为是解决当前许多医疗难题的好方法。这一系统并不是为了替代医生而产生的,而是为了给医生提供临床诊断上的帮助,即利用人工智能的方法辅助医生完成临床上的决策。

机器是不知疲倦的,因此医疗临床决策支持系统可以帮助因长期作业而疲劳的医生降低操作不当或者用药不当导致医疗事故的发生频率,使病人得到更有效的治疗。但是目前这种基于人工智能的系统仍然存在诸多应用上的问题,如训练要花很多时间、对某个特定的疾病判断能力有限、复杂病种数据太少等。尽管如此,医疗临床决策支持系统仍有很大的市场潜力,将是医疗行业发展的一个方向。

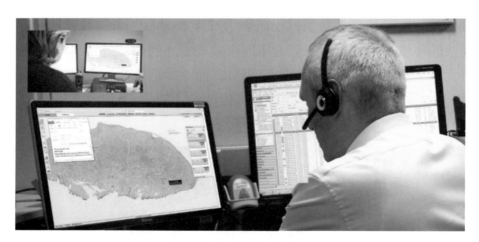

医疗临床决策支持系统

（二）电商平台智能决策系统

智能决策在网上购物平台的广告推荐、快递配送等业务中有着不可或缺的地位。这一类决策问题都可以归为一类分配问题,待分配的既可以是在各个网页中待展示商品的广告,也可以是用户购买商品后线下需要分配的快递包裹。

以广告的分配为例,它的目标是针对不同类型的用户最优地展示广告。这一类的智能决策系统会根据用户平时在网站上浏览并购买商品的历史记录,计算出商品卖给不同顾客可能会得到的收益，从而作出最佳的广告推荐决策。例如，利用第八章所介绍的推荐系统，可以判断不同用户的类型，如高中生、家庭主妇，而智能决策系统则决定接下来为高中生投放文具、书籍等与学习相关的广告、为家庭主妇投放生活用品类广告，从而在有限的广告预算下通过智能决策实现广告点击率的最大化。

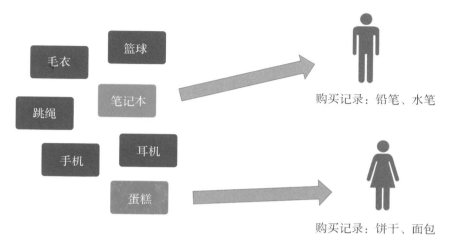

决策系统会根据用户的购买记录展示个性化的广告

（三）自动驾驶

自动驾驶是智能交通系统中非常重要的一部分，它涉及环境感知、路径规划和智能决策等多方面的技术，是人工智能技术的集大成者。

智能决策是自动驾驶技术中的关键部分，它解决的问题是在汽车已经感知到周围环境和制定开车路线之后，如何让汽车按照规划好的路线行驶。其中最关键的问题是道路跟踪问题，智能决策系统需要让汽车能够自动地调节车辆行驶速度和转向角度，安全、平稳地行驶。

自动驾驶

（四）博弈智能

目前应用上最为成熟的智能决策领域当属竞技博弈项目。竞技博弈项目既包括象棋、围棋等常见的传统策略类博弈项目，也包括复杂的大型电子竞技场景。

竞技项目本身是一个需要连续地进行决策的场景，其环境完全是模拟且可控的，这就为智能决策带来了极大的可能性，因为既不需要像推荐系统、自动驾驶等场景一样，在真实环境中担心决策失败带来的负面影响，也不需要担心训练智能体的成本问题。

目前竞技场景中的决策智能以 AlphaGo 为代表，已经达到大部分人类难以企及的智能化水平，相信在不久的将来，竞技场景中决策智能的成功可以进一步地推动其他真实场景中决策智能的发展。

AlphaGo 对战世界围棋冠军柯洁

二、 博弈智能

小天是电子竞技爱好者，他不但喜欢尝试各种电子竞技，而且痴迷于自己编写简单的电脑对战程序，常将其分享到网上供小伙伴下载娱乐。

一天放学，小智兴冲冲地跑来找小天："今天早上五台电脑居然把五个电子竞技世界冠军打败了，太厉害了！"

小天和社区的小伙伴合作写了很久的电脑对战程序，但小天的程序依然只能和普通选手打得不相上下，自然对小智所说的新闻表示怀疑："电脑能把世界冠军打败，骗人的吧？我们社区里无数编程高手，写了这么久的程序，都不知道如何让电脑分析各种不同复杂的局势。"

"你太不了解当前人工智能的厉害之处了，"平时喜欢关注各种人工智能新闻的小智神秘一笑："你们平时写程序所用的方法，现在的人工智能根本瞧不上。"

电子竞技中的场景十分复杂，影响局势的因素繁多，图中不同的方格代表操作者需要考虑到的各个要素

小天听了很不高兴："我们用的方法怎么就差了！编写对战程序时，我们把自己对于电子竞技的理解传授给电脑，这样电脑不但继承了我们的智慧，还能做出我们所不能完成的精确计算。"

小智说："你说的这种方法叫做基于规则的智能，人把规则写好，让电脑按照规则去行动。这样的方法应用在简单的场景上效果很好，如下五子棋，把所有可能的情况都枚举出来就知道何种情况下该怎么下棋。但是这次新闻里所说的电子竞技场景，仅各种操作的组合数量就远远超过了围棋，而且地图很大，就算是有七八年电子竞技经验的人也不可能保证自己熟悉地图上的每一个角落。那么，基于规则的程序如何能处理你们自己都没遇到过的情况呢？"

（一）强化学习

小智的一番话说得小天语塞。打败世界冠军的程序到底用了什么神奇的方法呢？

这种方法叫做强化学习，其实早在几十年前就被提出来了，近年来由于计算机硬件水平的提升，使得强化学习可以和深度神经网络相结合，进而成为深度强化学习，可以应用到很多复杂的电子竞技场景中。

强化学习是智能体在不断尝试错误的过程中进行学习的一种人工智能算法。如右图所示，就像人类生活在地球上不断地学习成长，强化学习智能体也会在一个类似的环境中通过和环境产生一系列的交互来变

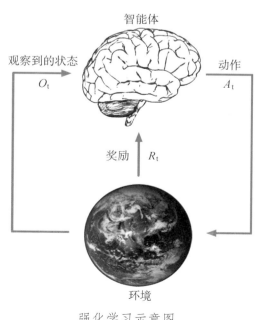

强化学习示意图

得更加智能[1]。智能体根据当前所处的状态，通过采取相应的动作和环境进行交互（例如前进、后退、跳跃等），获得奖励（例如完成任务、赢得胜利等），其最终目标是使自己在整个交互过程中获得的奖励最大化。

举一个生活中简单的例子作类比，假设我们自身是一个智能体，一门课程的学习过程是我们所处的环境。在上课的过程中我们可能会被很多眼前的"利益"所诱惑，例如开小差、打盹等。下图中每个节点表示我们当前所处的状态，其中方块节点代表和环境交互过程的结束。每个节点旁黑色的字母R所代表的数字表示在各个状态下采取相应动作可以取得的奖励，红色汉字表示采取动作的名称，而最下方黑色小圆点旁的数字表示到达后续各种状态的可能性。以左上角的状态为例，上课开了一次小差，虽然短暂地放松了大脑，但是也错过了上课的内容，从而得到"-1"的奖励，但是依然可能开小差。显然，在这样一个有三节课的课程中，要想获得最大的奖励，即在最后的考试中取得好成绩，唯一的方法是抵制住眼前的各种诱惑，认真听课，虽然每次听课都很累（得到"-2"的奖励），但最终通过考试总共可以得到"-2-2+10=6"的奖励。

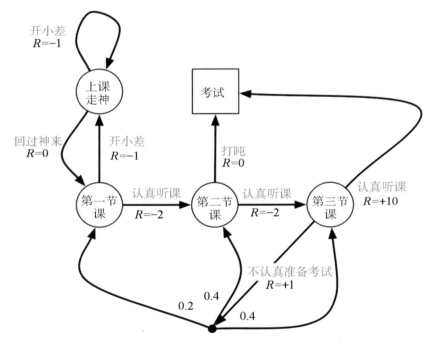

我们上课的过程可以看作是一个马尔可夫决策的过程[2]

像在这样的环境中进行决策的过程通常称为马尔可夫决策过程（Markov Decision Process，MDP），强化学习正是一种在马尔可夫决策过程中使得累计的奖励最大化的方法，它解决了奖励延迟的问题——例如要想通过考试，我们必须先认真听完三节课。强化学习是机器学习的子领域，在强化学习中一般都将任务描述为马尔可夫决策过程，目标是让一个智能体学会在

1　参考 http://wnzhang.net/tutorials/marl2018/docs/lecture-1-rl.pdf
2　参考 http://www0.cs.ucl.ac.uk/staff/d.silver/web/Teaching_files/MDP.pdf

给定状态中选择最合适的动作以试图获得最大化的长期奖励。

除了奖励之外，通常还会用状态、动作、状态变化的可能性来描述马尔可夫决策过程。状态就好比上图所有黑色汉字所对应的节点，如"上课走神""考试"等。而动作则相应地代表了各个状态下所有可能采取的动作集合，在上图中每个状态旁的红色汉字表示在该状态可能采取的动作，如"认真听课""开小差"。状态变化的可能性是指在某一个状态下采取某一个动作后，会以不同的可能性到达后续不同的状态，如上图中最下方黑色小圆点旁边的小数，是指在"第三节课"状态下，采取"不认真准备考试"动作，将导致需要重新学习相应的课，从第一节开始重新学习的可能性为0.2，第二节、第三节则均为0.4。

强化学习的关键思想在于构造了一个价值函数，而不是仅通过当前取得的奖励来评判所采取动作的好坏。价值指的是在强化学习中从某个状态出发，后续获得的总奖励的平均值。价值函数给出了对某个状态所对应价值的一个估计值，它会在智能体与环境不断地交互试错过程中进行更新，最终智能体会根据更新后的价值函数选择最优的动作。这就好比上课不专心，但在被教师批评教育后，尝试认真听课，发现认真听课才可以取得好成绩，于是脑中的"价值函数"就给"认真听课"这个动作赋予了更高的价值。

思考与实践

9.1 在强化学习中某个状态的价值代表后续平均会获得的总奖励。但如果智能体处在一个无限长的马尔可夫决策过程中，从不同的状态出发都有可能得到无穷多的奖励，那么这时如何比较不同状态所对应的价值的大小？

（二）深度强化学习

几十年前，传统的强化学习方法是用枚举的方法来记录价值函数，也就是说什么状态对应多少价值，都是用算法记录在计算机的一个表格里。一旦环境中的状态数量过于庞大，表格就记不下了，如围棋中黑棋和白棋的位置所对应的各种状态数量多达 10^{172} 种，又如 Flappy Bird 游戏的环境中如果考虑将图像作为状态，不同像素的组合更是不胜枚举。该怎么办呢？

后来，深度强化学习出现了。因为相似的状态完全可能具有相似的价值，所以没有必要用一张表格让计算机去记录所有状态对应的准确价值。深度神经网络完美地契合了这样的要求，它具备了一种强大的函数近似表示的能力，可以在不断地学习中逼近真实的价值函数，从而使得强化学习的应用场景得到大幅拓展。这种拟合价值函数的网络通常被称作价值网络。2013年谷歌公司提出的 Deep Q Netwerk 算法就采用了以上思想。在 Flappy Bird 等环境中以原始图像作为状态，利用 Deep Q Network 算法，电脑玩家可以获得远超人类玩家所能取得的分数。

下图展示了深度价值网络的具体构造，它将基于图像所表示的状态作为输入，将各动作所对应的价值作为输出。注意，前几层网络均为卷积神经网络，这和之前我们在视觉感知中所接触到的概念是一致的，目的都是从具体图像中提取抽象的特征帮助网络的学习，而后面几层网络则均由全连接层构成。通过智能体在环境中不断地进行探索试错，价值网络就能不断地逼近各个状态所对应的真实价值。最终学习到正确的价值之后，网络便可以根据每个状态对应的最大价值的动作作出最佳的决策。

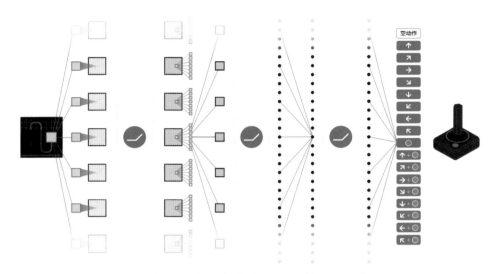

深度强化学习中价值网络的构造示例[1]

在现有的许多强化学习框架中，除了价值网络之外，人们还引入了动作网络，以便进行更高效、直接的训练学习。这种框架也被称作"执行者—评论者"架构，其中执行者（Actor）网络会根据当前的状态输出采取各个动作的可能性，而评论者（Critic）网络就是之前所介绍的价值网络，它此时所发挥的作用是对执行者网络所采取的动作进行评价。引入动作网络后，这种强化学习方法往往能够更加有效地学习到良好的策略，更重要的是，在某些特殊情况下，它比只采用价值网络的方法更好。如我们玩猜拳，在出拳时会给石头、剪刀、布都赋予一定

"执行者—评论者"架构类比[2]

1　参考 https://web.stanford.edu/class/psych209/Readings/MnihEtAlHassibis15NatureControlDeepRL.pdf
2　参考 https://medium.freecodecamp.org/an-intro-to-advantage-actor-critic-methods-lets-play-sonic-the-hedgehog-86d6240171d

的可能性，否则对手可以直接根据我们的策略有针对性地赢得比赛。如果只采用价值网络的方法，则是通过状态所对应最大价值的动作做出决策，这就导致它不能够像"执行者—评论者"架构一样，给每种出拳动作都赋予一定的可能性，从而容易被对手利用而失败。

"执行者—评论者"架构的学习过程如下图所示，执行者网络专门负责根据当前所属的状态在环境中执行一个动作，环境则会根据这个动作改变当前的状态，并决定一个奖励值。评论者网络会根据改变后的状态和奖励来判断这个动作是好是坏，即告诉执行者网络这个动作的价值是多少，同时也会不断地更新自己的判断能力。与此同时执行者也会依据这个评价更新自己的网络，来输出更好的动作。整个框架就是在这样一步步地和环境交互、自我更新中不断学习的。

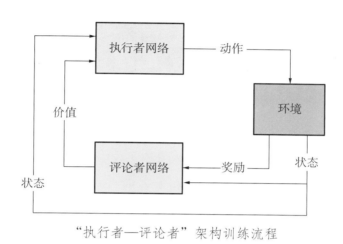

"执行者—评论者"架构训练流程

（三）竞技类应用场景

今天，通过强化学习的方法进行智能决策的成功案例日益增加，以下是几个典型的竞技类应用场景。

1. 围棋智能体 AlphaGo

相比于其他棋类，例如国际象棋，围棋的人工智能研发一直进展缓慢。早在1997年，由IBM公司研发的"深蓝"电脑就已经战胜了当时的国际象棋世界冠军卡斯帕罗夫。一局国际象棋的所有状态组合数约为10^{46}种，可以通过暴力穷举的办法获得较优的走法；而围棋的状态组合数多达10^{172}种，这一数字甚至远远超过了宇宙中原子的数量，完全不可能采用相同的办法解决。

距"深蓝"战胜人类国际象棋棋手近20年后，2016年，由Google DeepMind研发的基于深度强化学习的智能体AlphaGo横空出世，以4:1的大比分击败了当时的人类顶尖围棋选手李世石。次年，又以3:0的比分战胜了当时等级分排名世界第一的中国棋手柯洁，宣告了人工智能在围棋这一领域对人类的彻底胜利。

AlphaGo 与李世石的对战

深度强化学习的方法非常适合用于下围棋。这是因为对弈时棋手不仅可以知道当前的状态，还知道每走一步后下一时刻的状态是怎么样的，这就使棋手更加容易对整个环境进行探索。具体来说，AlphaGo 训练时采用了自我随机对弈的方法，同时通过搜索来模拟几步之后采取各种动作可能到达的状态，以更加高效地更新价值网络。

值得一提的是，之后 Google DeepMind 又公布了 AlphaGo 的升级版 AlphaZero，登上了《科学》杂志的封面。AlphaZero 在日本将棋中仅训练 2 小时就超越了世界冠军程序 Elmo，在国际象棋中仅训练 4 小时就超越了世界冠军程序 Stockfish，而在围棋中仅训练 30 小时就超越了与李世石对战的 AlphaGo。AlphaZero 也是从随机对弈开始训练，结合了高度优化的模拟搜索过程，这使得其在完全没有先验知识并且只了解基本棋类规则的情况下，一举成为了史上最强大的棋类人工智能。

2. 多智能体平台 MAgent

相较于围棋这一类单智能体的决策环境，多智能体环境下的人工智能更加贴近真实世界的场景。多智能体的研究是通向通用人工智能道路上的关键一步。目前有关多智能体的研究尚不成熟。

MAgent 是一个提供了让超大量智能体在环境中交互的研究平台。MAgent 平台支持百万量级别的智能体进行包括追捕、收集、对战等场景下的仿真，使得多智能体强化学习算法能够得到快速有效的验证。

在所有场景中，全部智能体都需要在当前时刻分别执行一个动作，平台会在此之后输出下一个时刻的状态。追捕场景适用于智能体局部合作的训练，捕食者如果成功包围猎物，那么捕食者将得到奖励，而被捕食者将会受到惩罚。收集场景则体现了一种有限资源下智能体

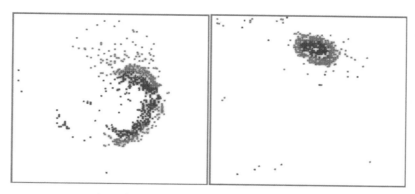

MAgent平台下多智能体在对战竞技场景中进行学习的演示

间的竞争关系，智能体可以通过杀死对手来尽可能多地获取食物。对战场景则需要智能体学习到一种既合作又竞争的关系，如上图所示，红蓝双方的智能体均可以对当前位置附近的某个敌方单位发动攻击，而为了保证自己不被快速消灭则又需要和其他同阵营智能体抱团合作、互相保护。通过学习，红蓝双方均学习到了抱团、包围等最优竞技策略。

3. 电子竞技智能体

一直以来，电子竞技都被当作是测试和评估人工智能系统性能的一种重要手段。正如之前小智所提到的在电子竞技中击败世界冠军的深度强化学习智能体，它叫做OpenAI Five，由5个深度神经网络构成，每次训练都由双方各5个网络自我博弈。一开始，它们只会在地图上乱逛，几小时后，便学会了一些基本的操作。在训练过程中，这一套学习系统的日训练量相当于一个正常人类花180年才能完成的竞技场数。

2018年末，Google DeepMind在另一个更为复杂的即时战略竞技项目中使用名为AlphaStar的智能体，以10∶1的比分战胜了顶级人类职业选手。尽管比赛中对智能体每分钟允许操作的次数作出了限制，使其尽可能接近人类选手敲击键盘和鼠标的频率，但人类选手依然无法取得胜利。

三、 自动驾驶

热衷于使用前沿科技产品的小智一家，终于有机会试驾一辆自动驾驶汽车。上车后，小智父亲启动汽车，并说出目的地，方向盘和油门在自动驾驶系统的决策控制下自行运作，精准地执行避让来车、减速变道等各种驾驶动作，汽车自动行驶起来，小智一家开始了自动驾驶体验之旅。

自动驾驶技术是集传感器技术、计算机视觉、信息融合、连续决策、自动化控制等多领域之大成者，涉及了许多与人工智能相关的技术。自动驾驶中的人工智能可以归纳为智能感知、智能规划、智能决策、智能控制四个主要组成部分。

Tesla Model S 驾驶室的布置

（一）智能感知

"感知"是指通过传感器的输入解析出汽车四周的环境信息。智能感知相当于汽车的眼睛，自动驾驶系统通过诸如陀螺仪、加速度计、转速计等一系列传感器获取自身内部状态信息，通过各种雷达和摄像头获取外部环境信息，为智能规划与智能决策提供源源不断的数据。下图展示了一辆自动驾驶汽车可能具备的各类传感器。

汽车上安装了各类传感器

传　感　器

当前的自动驾驶技术中使用了种类繁多的传感器，其中最主要的是雷达和摄像头。

已在自动驾驶领域广泛应用的雷达有三种：激光雷达、超声波雷达和毫米波雷达。

■ 激光雷达：通常有16线、32线和64线的分类，线束越多，其性能越强。激光雷达工作在红外和可见光波段，探测精度高、范围广，能够在短时间内区分障碍物，但是易被环境中的"杂物"所干扰。

■ 超声波雷达：通过发射近距离超声波，然后收集、分析反射数据的方式进行探测。这类雷达穿透性强，在短距离测量中有非常大的优势。

■ 毫米波雷达：是工作在毫米波波段的雷达，可穿透雾、烟、灰尘，具有全天候（除大雨外）、全天时的特点，对金属异常敏感，但识别精度较差，只能判断前方有一团物体，无法细致分析。

当前的车载摄像头有单目摄像头、后视摄像头、立体摄像头和环视摄像头四大类。其中，市场上以单目摄像头为主。

相较于雷达，摄像头的功能较为简单，它是通过感光组件采集图像，然后将采集到的图像信息通过控制组件和电路转化为计算机能处理的数字信号。

1. 摄像头

利用摄像头，自动驾驶系统能够跟踪障碍物的移动，并通过机器学习算法及计算机视觉领域的方法识别出前方障碍是车辆、行人还是灌木或广告牌，然后进一步分析交警或行人的手势和各种交通信号标志。

2. 雷达

前几年，自动驾驶领域使用超声波雷达作为主要传感器。但随着科学技术的发展，激光雷达系统（Light Ditection and Ranging, LiDAR）在近些年更为流行，并得到了广泛地应用。激光雷达系统在工作时，会在不同的时间和空间发射出不同的激光束。激光束打在物体上，形成了反射信号。这些反射信号的距离和深度经过激光雷达系统处理之后就形成了一个个的数据点。运用人工智能算法分析这些数据点，就能获得障碍物的模型。

激光雷达的工作过程可以用下图来描述。

(1) 聚类（clustering）：把接收到的数据点按距离和深度归类，时间、空间上靠近的点被归类为来自同一个物体，这样就能初步描绘出目标物体的外形和轮廓。

(2) 使用机器学习算法进行分类（classification）：知道物体的外形和轮廓特征后，通过分类算法识别出该物体到底是车辆还是行人，或者只是路边的一丛灌木。

(3) 建模（modeling）和预测（prediction）：通过人工智能的算法给激光雷达系统观察到的各类物体的行为建立模型，描述它们的特点和行动轨迹具有的特征，这样，系统就拥有了"理解"和"预测"这些物体的运动形态、速度和不确定性的能力。

激光雷达收到成百上千万的反射信号点，这些点组成了点阵。
海量的数据点经由以下操作：

聚类

反射点中会有许多的点相互靠近或者重叠在一起，给出了一个物体的大致轮廓。

分类

被扫描到的物体被分类识别，如车辆、行人和路障。

建模

这些更加具体的物体被分配到预测的环境中，进一步建模出所有可能的运动。例如，"车辆"能向前或向后快速移动却无法向左或向右平移，而"行人"可以向任何方向缓慢移动，"路障"则不会进行位移。

激光雷达 (LiDAR) 的工作原理

自动驾驶的智能感知就是利用一个个与此类似的算法，层层还原周围环境，对真实的世界进行三维甚至四维的还原。

（二）智能规划

自动驾驶汽车通过智能感知获得了周边环境和自身的状态信息，接下来就是利用这些信息为给定的行驶任务制定规划路径。智能规划就是负责这一任务的模块，主要负责处理自动驾驶中的规划问题。自动驾驶汽车在智能规划模块的指导下，知道有哪些从出发地到达目的地的可通行道路，应该沿着怎样的轨迹行车才能绕过道路上的种种障碍，自动避开来车和行人，进而实现自动驾驶。

延伸阅读

自动驾驶中的规划问题

自动驾驶中的规划问题可以细分为三类：

(1) 路径规划，一般指地图视角的全局路径规划。

(2) 避障规划，一般指局部小范围中的路径规划。

(3) 轨迹规划，在路径规划和避障规划的基础上，考虑时间序列和车辆动力学对车辆运行轨迹的规划。

其中，路径规划和避障规划分别对应全局路径规划方法和局部路径规划方法，将在本部分中介绍，轨迹规划主要通过调节车辆横向角速度及纵向加速度实现，将在之后的智能控制部分阐述。

详细地说，智能规划指的是自动驾驶汽车利用全局或局部路径规划算法，在利用智能感知模块获取汽车在环境中位置的基础上，找出一条可通行的路径，指示汽车在此路线上靠智能决策模块作出决策，使汽车在智能控制模块的运动控制下顺利前进、抵达终点。

自动驾驶中的智能规划技术不仅包括了地图导航这样的全局路径规划方法，也包括了针对当前捕捉到的实时周边环境进行避障路线设计的局部路径规划方法。

1. 全局路径规划方法

全局路径规划方法是利用宏观世界的完整信息进行路径规划，例如，从火车站到演唱会场有多条可通行的路径，通过规划从中选出一条作为行驶路线即为全局规划。此时，运用地图导航给出的API进行全局导航将会得到如下图所示的结果。全局路径规划不仅给出了到达目的地的多条较优的备选路线，还相应预测了到达时间及可以达到的行驶速度。

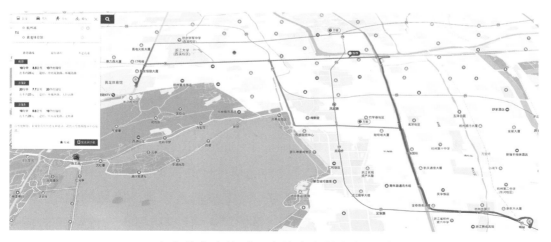

汽车从出发地到目的地的全局路径规划

全局路径规划中常常使用栅格法（一种成熟的算法，消耗运算量大，但安全系数高）、可视图法、自由空间法等算法，先对环境地图进行建模，然后通过全球定位系统及惯性测量单元的配合，在地图中更新车辆准确且实时的位置信息。这样一来，只要给定目的地，就可以运用静态路径规划算法计算出将车辆导航到目标位置的路线。静态路径规划算法的种类繁多，既有拓扑方法等传统算法，也有各种运用神经网络实现的前沿算法，这一部分算法的相关内容详见本书第四章。

2. 局部路径规划方法

局部路径规划方法又称避障算法，是借助智能感知模块的各种雷达和图像传感器对周围的实时环境进行建模，在小范围内规划路径，得到一条安全、舒适（转弯次数不宜过多、转弯角度不要过大等）的避障路径。

例如，从火车站前往演唱会场的路上会有许多其他车辆或障碍物，想要避开就需要调整车道、改变行驶方向，这就是局部路径规划。下图展示的是谷歌公司开发的一个自动驾驶系统模拟器中，一辆汽车通过局部路径规划算法进行路径规划的结果：绿色的路线是汽车找到的行驶路径，道路上的一个个红色方盒是需要避开的车辆、行人等障碍物，绿色栅栏表示现在无法通行，但是以当前行驶速度继续行驶却可以安全通过的障碍。

车辆在道路上行驶时进行局部路径规划

避障算法一般都是动态路径规划算法，常用的有人工势场法、矢量域直方图法、虚拟力场法等，还包含一些基础的图搜索算法、快速搜索随机树算法等。

其中，比较经典的快速搜索随机树（Rapidly-Exploring Random Trees，RRT），是一种常见于机器人避障路径规划的方法，它本质上是一种随机生成的数据结构——树，最早由LaValle在1998年提出。在RRT算法中，问题被定义为，给定机器人在运动区域的初始位置P_{init}和终点位置P_{goal}，要寻找一个位置的连续序列（即一条路径），使得机器人沿该路径能够从初始位置运动到终点，且不与障碍物发生碰撞。

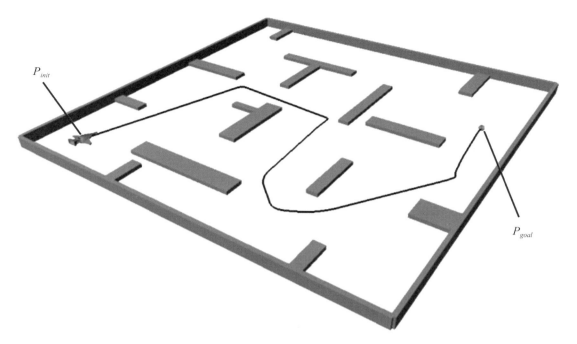

迷宫游戏中RRT算法进行避障规划的运行结果[1]

上图是在迷宫游戏中利用RRT算法找到一条从蓝色起点到绿色终点的避障路径的运行结果。RRT算法虽然较为简单，但是具有生成的路径不够平滑（可能具有过多转弯与过大转向角），从而无法保证路径质量的缺陷。事实上，自动驾驶领域运用的避障规划算法更多是在其基础上改良的算法，以及新提出的更为复杂的动态路径规划方法。

（三）智能决策

汽车在智能感知和智能规划两个模块的作用下已经能够完成感知周围环境和规划行车路径的任务。那么，如何告诉自动驾驶系统"怎么开车"，让汽车沿着既定路线轨道行驶呢？这一工作由智能决策模块负责。

智能决策模块是汽车的中枢，在自动驾驶中，该模块将智能感知模块解析出的环境信息作为输入，决定如何控制汽车的行为策略以达到驾驶目标。为了使汽车实现自动驾驶，智能决策要解决的最重要的问题之一是道路跟踪。道路跟踪问题是指在给定的道路上，汽车要能够自动调节控制方向盘的角度和速度的快慢，稳定地沿着当前道路行驶，不能驶出当前车道甚至驶出正常路面。

那么，自动驾驶汽车如何实现道路跟踪呢？电子竞技中的智能决策是运用强化学习算法，通过合理地设置奖励函数，让系统学会执行期望回报最高的操作。与之相似，也可以利用强化学习让汽车自己学会沿着当前路面行驶。

1　LaValle, S.M. and Kuffner Jr, J.J., 2000. Rapidly-exploring random trees：Progress and prospects.

延伸阅读

车辆的转向角

汽车转向角是指汽车前轮向左或向右转到极限位置、与前轮不发生偏转时中心线所形成的角度。车的转向角度与车的实际大小和运载底盘有关系，一般的家用轿车的转向角为30° ～ 40°，面包车的转向角为30° ～ 34°，SUV等车型为40°。

在完成道路跟踪任务时，为了使用强化学习算法，可以将人类司机的驾驶过程表示成一个用（S, A, P, R）四元组描述的马尔可夫决策过程，并按以下方式定义任务的状态空间S、动作空间A、状态转移概率P和奖励函数R。

■ 状态空间（S）：道路跟踪任务中定义状态空间的关键是定义每个时刻智能感知模块接收到的观测值。智能感知模块中许多的传感器分析出的环境结果都可以作为汽车在某一时刻的状态表示。假设从智能感知模块中获取了一张当前路面的图像、当前的车速和汽车的转向角度。第一步，原始的图像被输入到一个专门用来处理图像的神经网络（卷积神经网络）中，图像信息被表示成数字化特征值，即给出一串数字，其中包含着这张图像的所有关键信息。第二步，把当前的车速和汽车的转向角度也用一串数字表示出来。第三步，将这两串数字合在一起，得到能够表示车辆当前所处环境特征的状态值。所有可能得到的各种各样的状态值就构成了状态空间（S）。

■ 动作空间（A）：司机的驾驶动作可以被理解为一组自然的动作：踩油门或刹车控制车速、转动方向盘控制前进的方向等。因此，可以根据速度和转向角设计动作空间，把转向角以度为单位均匀分成80份（±40°，假设汽车最大转向角为40°），把车速按千米每小时设定一个标记点，所有可能的转向角与车速的组合就组成了自动驾驶的动作空间（A）。

■ 状态转移概率（P）：P表示的是驾驶过程中的状态转移概率，其值由具体环境决定，用来描述驾驶汽车在马尔可夫决策过程中各个状态之间发生转移的条件概率。

■ 奖励函数（R）：比较广泛使用的奖惩机制是根据从车道中心到汽车的距离设置车道跟踪奖励。自动驾驶时，程序在某一时刻驾驶汽车离车道中心越近，就能得到越高的奖励作为回报，反之，偏离车道中心越远，得到的奖励越少。甚至可以在汽车驶出道路时给出一个负的奖励值（惩罚），以此鼓励程序沿着路面中心线行驶。

如下图所示，可以使用"执行者—评论者"架构的强化学习算法来让程序学会让汽车沿着车道中心行驶。在"执行者—评论者"算法中，有执行者和评论者两套不同的体系，它们都由神经网络实现。执行者在自动驾驶中的角色就像是驾驶员，而评论者则更像是坐在一旁的教练。驾驶员负责根据车辆所处的状态选择合适的驾驶动作，教练则在副驾驶位置上观察车况和路况，学习驾驶过程中的奖惩机制。由教练来告诉驾驶员哪些驾驶动作做得好，哪些做得差。

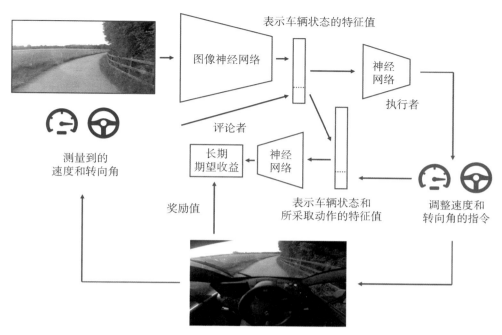

图像神经网络

表示车辆状态的特征值

神经网络

执行者

评论者

长期期望收益

神经网络

表示车辆状态和所采取动作的特征值

测量到的速度和转向角

奖励值

调整速度和转向角的指令

自动驾驶汽车通过"执行者—评论者"算法做出驾驶动作决策[1]

在某一时刻，首先把道路图像输入图像神经网络，结合车速、行驶方向等信息把当前状态表示成一串数字化的特征值，该特征值接下来被输入一个负责选择驾驶动作并执行的神经网络（即驾驶员——执行者）中。与此同时，一个负责评判驾驶动作好坏和当前所处状态的神经网络（即教练——评论者）记录着在不同的状态下采取不同行动直到完成驾驶任务后估计能获得的累积奖励，这被称为"长期期望收益"。

驾驶员在教练的指导下选择执行预计能获得最高长期期望收益的动作作为当前状态下应该采取的动作，汽车根据这个被选择的动作继续向前行驶，从而拥有新的状态。根据之前定义好的奖励函数，能获得这一步动作的奖励值，即采取动作的回报。这个回报会影响教练对长期期望收益的估计，使其进一步调整网络参数，于是，教练神经网络就能更为准确地估计长期期望收益。自动驾驶汽车行驶得越远，对驾驶员神经网络和教练神经网络的训练越久，它们对当前状态采取某一动作后能获得的长期期望收益的估计就越准确，根据神经网络选择的驾驶动作也更加合适。

事实上，训练刚开始的时候，"执行者—评论者"算法不一定总是能选择合适的动作。下图展示了自动驾驶算法的某次训练过程。图(a)中，前方是左转弯，而在弯道前算法做出了右转向的决策，这样的一次错误决策会使汽车驶出路面，同时获得一个负的奖励值（惩罚），行驶也随之终结，无法获得后续驾驶过程的回报。这种情况下，右转向的决策无疑带来了很低的长期期望收益，所以下一次训练中面临左转弯时，为了获得更高的长期期望收益，自动驾驶算法将尽量避免做出右转的决策。

1　Kendall, A., Hawke, J., Janz, D., Mazur, P., Reda, D., Allen, J.M., Lam, V.D., Bewley, A. and Shah, A., 2018. Learning to Drive in a Day. arXiv preprint arXiv：1807.00412.

自动驾驶算法的某次训练过程

图 (b) 中，在后来的某次训练中，再次面对同样的左转弯时，算法作出了向左大幅度转向的决策，很快，汽车由于过度转向驶离了路面，终止了训练，这个决策比上一次获得了更高的长期期望收益，虽然最终还是驶离路面，但同样面临左转弯时，自动驾驶算法学会选择左转向。

通过一次次的试错，图 (c) 中展示的是训练进行到一定程度以后，算法已经可以准确描述动作能够带来的长期期望收益，并据此选择最合适的驾驶动作。此时汽车已经可以依靠算法的智能决策平稳地沿着道路行驶。

思考与实践

9.2 以汽车到车道中心的距离作为奖励函数存在什么问题？还可以选择什么奖励函数让自动驾驶汽车开得更好？

9.3 用真实的汽车在实际路况中训练有何不妥？有哪些解决的方案？

（四）智能控制

车辆的运动控制一般是指横向控制和纵向控制。横向控制控制的是汽车的转向角大小，纵向控制实现的则是汽车速度的调控。在自动驾驶的智能控制模块中，现在业界研究得较为深入的是横向控制，涉及神经网络控制、最优控制、自适应控制、模糊控制等方法。

思考与实践

9.4 如何加强自动驾驶系统的可靠性？

四、 本章小结

人工智能就在我们身边，各种智能决策系统帮助人工智能体自动地在环境中根据判断的结果进行决策，对环境做出影响。本章我们学习了智能决策的相关知识：首先，了解了什么是智能决策，知道了智能决策手段的发展历史；然后，主要学习了医疗临床决策、电商平台决策、自动驾驶、博弈智能等一系列智能决策技术的应用场景。最后，深入地学习了智能决策在"博弈智能"和"自动驾驶"这两个方面的应用，认识到智能决策技术在这两个场景中发挥着重要作用。

结语

　　读到这里，你已经基本了解了人工智能在生活各个方面的应用，并初步掌握了人工智能的基础技术体系。

　　本书第一部分从"衣""食""住""行"四个方面对人工智能应用的案例进行了分析和原理简介，希望你能从这些生活各个方面的人工智能应用案例中认识到，在当今社会科技发展突飞猛进的背景下，人工智能技术已经开始融入人们日常生活的各个方面，并且对人们的生活产生了不可忽视的深远影响，比如各种智能家居用品，包括能识别语音的智能音箱、能识别人脸的智能门锁系统等；又如打车软件的派单与行程规划、手机上的智能助理等。这些应用无一能离开人工智能技术。同时，希望你通过了解人工智能应用产品的构建思路，以及各种功能实现需要用到的原理，能够思考还有哪些生活难题可通过人工智能技术解决，以及如何把解决一个领域问题的人工智能算法迁移到另一个领域。

　　本书第二部分从技术视角对人工智能五大基本技术体系（视觉感知、智能语音技术、自然语言处理、信息检索与智能决策）作了介绍。希望你能系统地学习这些基础的人工智能技术，包括对视觉、语音、文字这三种不同类型信息的感知与处理，对海量信息的检索与推荐，利用与环境交互实现智能决策。同时，希望你在面对生活中的各种问题时，能够思考有哪些我们讲过的人工智能技术可以用来解决这个问题，或者我们讲到的这些算法还有哪些不足的地方以及可以如何进行改进和优化。

　　在未来的生活中，希望你在使用本书中所提到的人工智能应用时，能想到它背后的原理；在发现生活中的其他人工智能应用时，能够举一反三地分析出其构建思路；并能够利用已经学习到的人工智能技术，为生活中一些难题的解决提供思路。同时，也希望你能思考人工智能给社会和生活带来了怎样的改变，从而更全面地去看待人工智能。

附录 "思考与实践"解答参考

1.1 可以让小衣在选择搭配的时候结合天气因素或者将要出席的场合，使搭配更加实用。如果考虑天气因素，可以先对服装按适穿季节进行分类，小衣会根据温度对应地挑选合适的衣物；如果考虑出席的场合，可以根据常见的不同场合分别训练模型。当用户选择不同的场合时，小衣可以通过当前选择的场合，使用针对这个场合特别训练的模型来给出穿搭建议。还可以把欲考虑的因素输入到神经网络中，让小衣自己学习一个统一的模型。

1.2 可以查阅目前已有的虚拟试衣镜技术。试衣镜通过镜子上面的深度摄像头捕捉人物的体型信息，生成虚拟人体模型。用户可以选择喜欢的衣服，并将穿衣效果呈现在试衣镜中的虚拟人体模型上。同时，虚拟试衣镜上的深度摄像头能实时捕捉用户的姿势，使虚拟模型做出相同的姿势。这样用户能更清楚全面地看到自己的"试穿"效果。

2.1 可以考虑在训练人工智能模型时，加入更多部分被遮挡的菜品，以提高识别的准确率与抗干扰性能。

2.2 食堂加入新菜品后，可以准备新菜品的多个照片样本，对模型进行重新训练与增量训练。重新训练即重新开始训练一个人工智能模型。增量训练则是在原有的模型成果基础上，进行增量式的模型学习。一般来说，两者效果类似，但后者效率更高。

2.3 食堂负责刷卡的工作人员、负责推荐每天食物的私人营养师等职业都能被人工智能产品替代。

3.1 原始数据中会有一些干扰的信息和一些对睡眠检测没有帮助的冗余信息。直接观察原始数据，可能会难以判断出对应的睡眠阶段。通过特征提取，提取出与睡眠检测相关的关键特征，可以使睡眠阶段判断得更加准确。

3.2 可以尝试改善生活中的不便之处，比如洗碗的时候想要换电视频道，但是手上沾满了水不方便按遥控器，可以设计用手势或者声音控制电视换台。

4.1 使用传统的路径规划方法，我们需要做的是修改节点间的权值。可以在原有图的基础上，再叠加上一张权值仅和路径上景点的数目和质量相关的图，后续与传统算法流程一致。

4.2 指标1：司机的收入；指标2：接单前后对于车上已有的乘客新增的时间花费或路线长度。在拼车情况下可以优化指标1和指标2的加权和。

4.3 指标1：每条道路上车辆的平均速度；指标2：在执行一次操作之后的指定时间内通过路口的车辆数目。

5.1 人脸识别可以用于身份认证（屏幕解锁、智能门锁、图书馆进门验证等）、嫌犯追踪、找寻走失人口等方面。

6.1　语音识别的过程不仅是声学信号的识别过程，还应结合对应的语法、语义和语用结构，这一部分在正文所述的语音识别的系统架构中对应了后端的词典与语言模型。词典保证了识别出的文字在词这一级别是合理的，而语言模型则可以考虑给定上下文条件下的词序组合。在这种情况下，往往若干同音词中概率最高的那个词就是当前语境下最为合理的选择。

6.2　这一问题正是语音识别中面临的一大难题。当前，语音识别技术已经能够以较高精度识别一个人所讲的话，但是当说话的人数为两人或者两人以上时，多人之间的相互干扰会使语音识别率极大地降低，这一难题也被称为鸡尾酒会问题。在这种情况下，就需要结合多个观察序列将观察序列中的多个信号源的声学信号分离出来。

7.1　"过几天天天天气不好"这句话中的"天"字在不同的位置意思并不相同，第一个"天"字组成"过几天"，第二个和第三个"天"组成"天天"，第四个"天"组成"天气"。如果对每个"天"分别进行表示，翻译系统将难以确认句子的意思，增加了翻译的难度。词的分割有多种方法：采用词典对文本进行扫描匹配的方法、用统计的方式提取以高频率同时出现的字串的方法、让机器从已经分割好的句子中学习切分规律的方法等。实际的词分割系统会结合多种方法达到可靠的分割效果。

7.2　略。

7.3　目前的聊天机器人尚存在上下文联系较差、难以处理长对话等缺点。

7.4　用户意图：订机票；时间：4月5号；出发地：上海；目的地：北京；对话管理模块：查询4月5号上海天气。有雾，时间改为4月6号；晴朗，时间不变。

8.1　一个推荐系统的好坏，应该由推荐系统的用户来评价。用户评价推荐系统，主要看推荐结果是不是自己所喜欢的。推荐系统会给用户展示一个排过序的列表，排在越靠上位置的商品，推荐系统认为用户越喜欢，这个排序列表的质量可被用来衡量推荐系统的好坏。用户自然希望自己感兴趣的商品排位越靠上越好。

衡量推荐系统的一些常用的评价指标有命中比率(Hit Ratio)和累计增益(Normalized Discounted Cumulative Gain，NDCG)等。命中比率是指在前N个推荐结果的排序列表中，用户感兴趣(感兴趣的一个表现是用户点击了它)的商品的个数占总个数(N个)的比率；累计增益是用户感兴趣的商品排位越靠前，积分越多，一个排序列表的积分高说明这个列表的排序质量较好。当然，还有其他一些评价指标，如精确率(Precision，分类正确样本占样本总数的比例）、召回率（Recall，在所有正样本中被正确预测为正样本的比例）。

8.2　例如，在某个电商平台上连续点击浏览手表、手机等电子产品后，从平台给出的推荐结果可以发现，当用户最近的行为都是点击电子产品时，推荐系统在默认搜索词和首页展示的推荐商品中就会出现一些类似的商品，也就是说，推荐的商品多样性不太好，即出现重复推荐问题。

产生这种问题的原因是现有的基于深度学习的推荐系统模型比较"偏重"用户最近的行为，最近的行为有更强烈的信号"暗示"或者"指导"推荐系统的推荐。但这种重复推荐在很多情况下用户并不喜欢，因为用户明明已经购买过或者看过很多类似商品了。

重复推荐的问题是推荐系统领域中的一个难题，目前也是一个开放问题，并没有特别成熟的解决方案。

9.1　可以为不同时刻的奖励设置一个衰减系数，使得越往后得到的奖励在计算价值时所占的权重越小。这样一来，价值就又变成一个有限的值，可以比较价值的大小了。

9.2　以汽车到车道中心的距离作为奖励函数进行训练的自动驾驶系统，最多只能做得和人类司机沿着路中心驾驶时一样好，而且可能在某些情况下自动驾驶系统的驾驶决策会与交通规则相矛盾。

以车辆的行驶速度或者完成行程的用时作为奖励函数是一个可以选择的方案，但也可能存在潜在危险，训练也比较难。为解决这些问题，可以在训练时加入诸如"不违反交通规则"等能够确保行车安全的限制条件。

9.3　实体车辆和传感器成本不菲，训练初期系统稳定性和可靠性不高，容易发生交通意外，在真实道路上训练物理成本巨大。2018年3月18日，美国国家运输安全委员会发布了一则Uber公司的一辆自动驾驶测试车在进行路试时发生交通事故，导致一名行人死亡的报告，为路试敲响了警钟。而且，真实环境中由于存在一些可能闯入训练环境的车辆、行人和道路外的广告牌等障碍物，干扰了对环境的采样，进一步阻碍了初期的训练，会造成高昂的训练时间成本。

正文所述的汽车面临左转弯情形的例子中所用的图片并非来源于真实驾驶。首先设计一个模拟器模拟汽车驾驶情况和道路情况，然后在模拟环境中完成算法初期的训练，待神经网络对长期期望收益值的探索已经达到一定程度后，再将汽车投入真实环境中进行训练，采用这种方式能极大地降低训练成本，保障交通安全。

9.4　提及自动驾驶的安全性，我们不能忘记在自动驾驶系统发展的道路上犯过的错误。

过去发生的自动驾驶事故往往与感知组件的故障相关，如何解决硬件故障带来的安全隐患这一问题呢？解决方法之一是参考航天业中使用的冗余系统，即多重保险，假设汽车中有多套独立或同时工作的自动驾驶系统，这样如果其中之一发生了不可挽回的故障，那其他的系统能接替故障系统工作，继续保障行车安全。但这种做法也存在局限，设备的安装空间紧缺和成本高昂成为了新问题。

除了使用冗余系统，车联网的发展可以让汽车之间的联系更加紧密，同时更加完善的道路基础设施，如道路中心线和路口下方埋设的传感器等，也是为自动驾驶系统安全运作保驾护航的可行方案。